AF325392

MANUEL
DU CULTIVATEUR

TRAITÉ ÉLÉMENTAIRE
D'AGRICULTURE PRATIQUE

A L'USAGE

DES ÉCOLES PRIMAIRES.

PAR CAMILLE PLANCHARD,

Membre du Conseil général de la Corrèze, Juge de paix et
Président du Comice agricole de Beaulieu, membre
de la Chambre consultative d'agriculture
de Brive, et propriétaire à
La Grèze.

OUVRAGE ADOPTÉ PAR LE CONSEIL IMPÉRIAL DE L'INSTRUCTION PUBLIQUE,

COURONNÉ PAR LE CONSEIL GÉNÉRAL DE LA CORRÈZE.

— ❦ —

QUATRIÈME ÉDITION.

LIMOGES,
Eugène ARDANT et C. THIBAUT,
Imprimeurs - Libraires - Éditeurs.
—

S
32915

MANUEL DU CULTIVATEUR.

L'introduction du Manuel du Cultivateur, dans les Ecoles normales primaires, est autorisée par décision de Son Excellence M. le Ministre de l'Instruction publique, en date du 8 décembre 1863.

Propriété des Éditeurs.

Martial Ardant frères (signature)

Signature de l'Auteur.

Camille Planchard (signature)

MANUEL
DU CULTIVATEUR

TRAITÉ ÉLÉMENTAIRE
D'AGRICULTURE PRATIQUE

A L'USAGE

DES ÉCOLES PRIMAIRES.

PAR CAMILLE PLANCHARD,

Membre du Conseil général de la Corrèze, Juge de paix et
Président du Comice agricole de Beaulieu, membre
de la Chambre consultative d'agriculture
de Brive, et propriétaire à La Grèze.

OUVRAGE ADOPTÉ PAR LE CONSEIL IMPÉRIAL DE L'INSTRUCTION PUBLIQUE,

COURONNÉ PAR LE CONSEIL GÉNÉRAL DE LA CORRÈZE,

QUATRIÈME ÉDITION.

LIMOGES,
Eugène ARDANT et C. THIBAUT,
Imprimeurs - Libraires - Éditeurs.

OBSERVATIONS PRÉLIMINAIRES

SUR LE

MANUEL DU CULTIVATEUR.

Au moment où l'enseignement agricole a été enfin adopté dans les écoles primaires, il m'a paru à propos de composer pour leur usage un Traité élémentaire d'agriculture pratique, où l'enfant du cultivateur, destiné à devenir cultivateur lui-même, pût trouver, dans un style et dans une forme mis à sa portée, tous les enseignements et les conseils propres à l'instruire et à le diriger dans la connaissance et la pratique raisonnée du plus utile de tous les arts, l'agriculture.

Un bon Traité élémentaire d'agriculture pratique doit, à mon avis, réunir les conditions suivantes :

1° Etre écrit dans un style clair, très simple et précis, sans aucun mot scientifique ou technique, supposant chez l'élève des connaissances qu'il ne peut avoir ;

2° Présenter graduellement les matières, afin que l'enseignement procède du connu à l'inconnu ;

3° Eviter le double écueil de l'insuffisance des détails et de la prolixité.

Il faut, en effet, que, d'un côté, l'ouvrage ne soit pas trop volumineux, afin que son prix soit très modéré ; et, d'autre part, un *Traité d'agriculture pratique*, si élémentaire qu'il soit d'ailleurs, ne doit pas se borner à de simples indications, mais contenir des détails suffisamment explicatifs sur toutes les matières, suivant leur importance relative.

4° Présenter une disposition de demandes et de réponses telle que chaque numéro puisse d'abord servir pour les *lectures courantes* aux élèves qui commencent à lire ; plus tard, être appris par cœur pendant les dernières années de l'enseignement primaire, comme exercices de mémoire, et servir enfin de manuel, lorsque l'élève sera devenu cultivateur.

Telles sont les considérations qui m'ont dirigé dans la rédaction de ce *Manuel du Cultivateur*. J'aurai atteint mon but si ce livre, devenu classique et usuel dans les écoles primaires, apprend aux jeunes élèves à mieux cultiver la terre, en raisonnant tout ce que la théorie et la pratique de l'agriculture peuvent enseigner de plus utile.

AUX ÉLÈVES DES ÉCOLES PRIMAIRES.

L'enseignement agricole est appelé à prendre dans l'instruction primaire la place et l'importance que lui assigne son utilité, et à en faire partie obligée.

Les dispositions législatives vont rendre ce bienfait universel en France, le gouvernement donne son concours empressé aux mesures prises pour vulgariser cet enseignement si nécessaire, et il encourage les efforts tentés dans ce but.

La plupart des Traités d'agriculture connus ne sont pas, en général, assez à la portée des élèves qui fréquentent les écoles primaires.

Fils d'un homme de bien connaissant la science et la pratique de l'agriculture, ayant moi-même passé presque toute ma vie à diriger les travaux agricoles de ma propriété, j'ai pensé que cette double expérience pourrait vous être de quelque utilité, et j'ai essayé de composer tout exprès pour vous un Traité élémentaire d'agriculture pratique, sous forme de catéchisme.

Je n'y ai écrit aucun mot que vous ne puissiez comprendre ; je n'ai pas supposé que vous eussiez des connaissances au-dessus de votre âge et de votre profession de cultivateurs. J'ai parlé dans ce livre le simple langage des champs, pour vous y donner quelques leçons dictées par l'expérience et par le désir de vous être utile.

C'est surtout à cette forme familière, sous laquelle j'ai offert ces enseignements, que mon *Manuel du Cultivateur* a dû la préférence qu'il a obtenue au concours ouvert pour cet objet par le Conseil général de la Corrèze, sur beaucoup de Traités d'agriculture très remarquables sous le double rapport de la science et du style, qui ont été présentés par des écrivains recommandables.

Lisez donc ce manuel, jeunes élèves, étudiez-le bien, apprenez-le, car il a été fait pour vous. Qu'il soit, après le livre qui contient l'explication des saintes vérités de notre religion, qu'il soit, des livres mis entre vos mains, celui que vous préfériez à tous les autres, car il est celui qui renferme ce qu'il vous importe le plus de savoir. Vous y trouverez les pratiques les plus nécessaires pour vous guider dans les travaux et les opérations agricoles les plus utiles.

Vos dignes instituteurs, qui comprennent toute l'importance de l'enseignement agricole mis à votre portée, et sur le zèle intelligent desquels on a droit de compter, vous donneront les explications détaillées qui n'auront pu trouver place dans ce Traité nécessairement restreint.

Servez-vous de ce catéchisme comme de livre de lecture courante; lisez-le à vos parents pendant les veillées, pendant les autres heures de repos.

Si vous ne pouvez mettre en pratique tout ce qui y est enseigné, vous y trouverez tous quelques leçons dont vous pourrez profiter; vous y apprendrez à mieux faire les travaux ordinaires, à pratiquer quelques méthodes dont l'utilité ne vous est pas encore connue, et à vous rendre compte de chaque chose. Le but de ce livre est d'améliorer votre position, de vous éclairer sur ce qu'il vous importe le plus de savoir, et de faire faire quelques progrès à l'agriculture, en vous indiquant les moyens de mieux cultiver la terre.

Attachez-vous de plus en plus, jeunes élèves, à la vie des champs. De toutes les professions, celle du cultivateur est la plus utile, la plus heureuse, celle qui est le plus digne d'être honorée. Ne la quittez pas pour les entreprises de l'industrie, où, sur dix personnes qui réussissent, il y en a mille qui trouvent la misère et les vices les plus dégradants. Aimez-la bien cette terre qui vous a vu naître, qui vous nourrit, que vos pères ont fécondée par tant de travaux, et où le malheureux qui l'a quittée, rêvant la fortune, revient mourir de bien loin, après les déceptions qu'il a éprouvées pour l'avoir abandonnée. C'est une bonne mère. Elle prodigue ses biens à ceux qui savent et qui veulent la bien cultiver. Soyez donc d'honnêtes, de laborieux et d'intelligents cultivateurs, et vous aurez l'aisance, la paix et le bonheur.

Camille PLANCHARD.

Dans une de ses circulaires, M. le préfet de la Corrèze recommandait fortement l'introduction de l'enseignement agricole dans les écoles primaires ; et après avoir parlé en général de la pratique et de la théorie de l'agriculture, il s'exprimait en ces termes :

« Pour la pratique, j'attends de la sagesse
» et de l'intelligence des Conseils municipaux
» que, suivant l'impulsion et l'exemple du
» Conseil général et les prescriptions de la
» nouvelle loi, ils veuillent mettre à la dispo-
» sition de chaque école un petit terrain soit
» communal, soit loué à cet effet par la com-
» mune ; pour la théorie, je recommanderai
» aux instituteurs un ouvrage composé, sui-
» vant le vœu du Conseil général, par un de
» ses membres les plus distingués, M. Plan-
» chard de Cussac, propriétaire à La Grèze.
» Cet ouvrage a été fait dans le but spécial
» de l'enseignement ; c'est-à-dire que, joi-
» gnant une instruction réelle à une sim-
» plicité élémentaire, il sera un guide sûr
» pour le maître, et un manuel facile pour
» l'élève. Si l'on veut ne pas augmenter les
» frais toujours trop considérables de biblio-
» thèque, il pourra être mis comme livre
» de lecture entre les mains des enfants, qu'il
» familiarisera de bonne heure avec une
» science qui, en définitive, sera toujours
» pour eux la plus utile. »

MANUEL DU CULTIVATEUR

ou

TRAITÉ ÉLÉMENTAIRE D'AGRICULTURE PRATIQUE

A L'USAGE

DES ÉCOLES PRIMAIRES.

INTRODUCTION.

§ 1. DEMANDE. Qu'est-ce que l'agriculture ?

RÉPONSE. L'agriculture est l'art de cultiver la terre, et de lui faire rendre tous les produits qu'elle est susceptible de donner en qualité et en quantité, aux moindres frais possibles.

Elle s'occupe des terres labourables, des prairies, des pâturages, des vignes, des bois, des jardins et vergers, et de l'éducation des animaux utiles.

§ 2. D. Quelles sont les connaissances les plus nécessaires à l'agriculteur ?

R. Pour bien réussir dans une exploitation agricole, il faut que l'agriculteur sache principalement six choses : 1° Qu'il connaisse bien la nature des terrains qu'il a à travailler ; 2° la manière de recueillir, augmenter, enrichir et appliquer les divers engrais et amendements ; 3° qu'il sache comment il importe de faire les labours et de donner les autres façons aux terres, selon les saisons ; 4° qu'il connaisse quelles sont les plantes qu'il est le plus avantageux de cultiver, et les conditions dans lesquelles elles peuvent le mieux prospérer; la manière de préparer convenablement, de conserver les récoltes de toute espèce, et d'en tirer le meilleur parti possible, soit en les faisant consommer, soit en les vendant directement; 5° il doit savoir acheter, élever, soigner, engraisser et vendre le gros et le menu bétail et les animaux domestiques; 6° enfin, il doit savoir se fixer par une comptabilité rigoureuse, ou du moins par une expérience raisonnée, sur les cultures et les opérations agricoles les plus avantageuses.

§ 3. D. En combien de parties principales peut-on diviser l'agriculture ?

R. On peut diviser l'agriculture en six parties principales, savoir :

1° La science des terrains.

2° La science des engrais et amendements.

3° La science des travaux agricoles et des assolements.

4° La science des plantes utiles et de leur culture.

5° La science des animaux utiles.

6° La science de la comptabilité agricole.

Ces divisions correspondent chacune à une connaissance pratique essentielle à l'objet que peut se proposer l'agriculteur, c'est dans ce sens seulement que doit être compris le mot *science*, appliqué ici à chacune de ces parties. Elles formeront autant de subdivisions que le comportera l'importance de chaque objet.

PREMIÈRE PARTIE.

SCIENCE DES TERRAINS.

CHAPITRE I. — DES TERRAINS EN GÉNÉRAL.

§ 1. D. Sous quels rapports l'agriculteur doit-il étudier les terrains ?

R. L'agriculteur doit étudier les terrains sous le rapport de leur situation et de leur exposition ; de leur plus ou moins de profondeur ; de leur plus ou moins de consistance ; de la propriété qu'ils ont d'absorber plus ou moins promptement, de retenir plus ou moins facilement l'humidité ou la chaleur ; sous le rapport des parties constitutives dont ils se composent ; enfin, sous le rapport des plantes utiles qui, d'après toutes ces considérations, peuvent y être cultivées le plus avantageusement.

§ 2. D. Quel égard l'agriculteur doit-il avoir à la situation et à l'exposition des terrains ?

R. Il est très important d'avoir égard à la situation des terrains, pour se déterminer dans le choix des divers genres de culture qu'on peut profitablement adopter pour les montagnes, les coteaux ou les plaines. En général, les bois et les pâturages occupent les parties montagneuses ; les arbres fruitiers, les vignes selon le climat, couvrent les coteaux, où prospèrent aussi beaucoup d'autres cultures ; et les plaines sont presque exclusivement réservées aux terres labourables et aux prairies.

1.

§ 3. D. Pourquoi les montagnes sont-elles généralement occupées par les bois et les pâturages?

R. Les parties tout-à-fait montagneuses des terrains sont presque toujours, quelle que soit d'ailleurs leur exposition, entretenues en nature de bois ou de pâturages, par la raison que l'exploitation de ces terrains, s'ils étaient convertis en terres labourables, serait très dispendieuse et très pénible, à cause des charrois et des labours; parce que les parties les plus subtiles et les plus fertiles du terrain seraient lavées et entraînées par les pluies, et que ce ne serait bientôt qu'à force d'engrais et par des défoncements fréquents qu'on pourrait remédier à ce grave inconvénient. Les montagnes élevées sont d'ailleurs souvent trop froides, et toujours trop exposées aux vents et à la sécheresse pour les autres cultures, tandis que les pâturages et les bois y réussissent aussi bien que peuvent le permettre les autres qualités du terrain.

§ 4. D. Quelles sont les cultures qui peuvent bien réussir sur les coteaux?

R. Les coteaux exposés au midi, au levant, ou au couchant, qui ne sont pas trop inclinés et dont le terrain est d'ailleurs favorable à la culture, tant à cause de sa profondeur que de sa nature, peuvent recevoir toutes les plantes cultivables, si l'on tient compte des autres conditions de culture propres à chacune d'elles. On choisit ordinairement cette position comme la plus saine pour y construire les bâtiments ruraux. C'est encore là qu'on plante la vigne, les mûriers et les arbres fruitiers, quand le climat en permet la culture. Il s'y établit aussi de bonnes prairies lorsqu'il s'y trouve de bonnes eaux. Les coteaux tournés au nord, ceux qui ont une forte inclinaison, ou dont le terrain ne convient pas aux autres cultures, doivent être utilisés, comme les montagnes, soit en bois de haute futaie, soit en bois taillis, soit en pâturages.

§ 5. Quel est ordinairement le genre de culture qu'on doit adopter pour la plaine ?

R. La plaine est particulièrement réservée aux terres labourables et aux prairies naturelles et artificielles. Les terres en plaine conservent mieux, toutes choses égales d'ailleurs, et l'humidité, et les sucs fertilisants du fumier. Les labours et les autres travaux y sont moins pénibles. On choisit de préférence les parties les plus basses pour les prairies, parce qu'elles reçoivent toutes les eaux, tous les égoûts des terrains supérieurs, et que, d'autre part, les blés sont sujets, dans les bas-fonds, soit à la nielle, soit à la carie, soit au charbon, soit à être noyés par la stagnation des eaux.

§ 6. D. Qu'entend-on par la profondeur des terrains ?

R. La profondeur des terrains consiste dans la couche ou épaisseur de terre arable ou végétale, c'est-à-dire de terre susceptible de culture productive. Cette profondeur varie beaucoup, et il est très important de la connaître pour cultiver, selon le plus ou moins de profondeur de terre arable, les plantes dont les racines pénètrent plus ou moins dans le sol. La couche de terre végétale est dite profonde, lorsqu'elle dépasse 35 centimètres ; moyenne, lorsqu'elle en a 15 au moins, et faible, lorsqu'elle en a moins de 12.

§ 7. D. Quelle est la moindre profondeur que doit avoir la terre végétale pour les plantes qui en demandent le moins ?

R. Les seigles, avoines, orges, froments et sarrasins, peuvent prospérer sur des terrains qui n'ont que 15 centimètres de terre végétale. Les pâturages peuvent encore, dans des circonstances d'ailleurs favorables, donner des produits satisfaisants sur des terrains qui n'ont que 10 centimètres de profondeur végétale ; tandis que certaines plantes à racines pivotantes, c'est-à-dire qui pénètrent directement dans le sens opposé de la tige, quelques variétés de betteraves, par exemple, la carotte fourragère, le chanvre, exigent une épaisseur d'au moins 15 centimètres pour atteindre leur entier développement. Quelques autres plantes, telles que la luzerne, le tabac, le houblon, la garance, demandent même une couche végétale de 50 à 70 centimètres de profondeur.

§ 8. D. Quels sont les moyens de donner de la profondeur aux terrains qui en manquent ?

R. On peut augmenter la profondeur de la terre arable de deux manières ; soit par des transports de terre propre à la culture, et prise dans le voisinage sur d'autres terres assez profondes, soit par des labours graduellement plus profonds, ramenant chaque fois à la surface quelques centimètres du *sous-sol.* On désigne par le mot de *sous-sol* la terre impropre à la culture qui se trouve au-dessous de la terre arable.

Dans le premier cas, il est bon que la terre transportée soit d'une nature meilleure, ou au moins différente, de celle du terrain dont on veut augmenter la profondeur ; et, dans le second cas, il faut avoir soin de n'entamer le sous-sol que faiblement à chaque labour ou façon, afin que les parties infertiles ramenées à la surface puissent être plus facilement mises en contact avec les engrais qui y seront appliqués, plus facilement incorporées avec la masse de la couche arable, et mieux ressentir l'action successive du soleil, des vents, de la pluie et de la gelée, qui a pour effet de les ameublir et de les fertiliser.

CHAPITRE II. — DIVISION DES TERRAINS.

§ 1. D. Comment divise-t-on les terrains sous le rapport de leur plus ou moins de consistance ?

R. On divise les terrains, sous le rapport de leur

plus ou moins de consistance, en terres fortes, terres légères et terres franches, ou de consistance moyenne.

Les terres fortes sont celles qui ont beaucoup de ténacité et qui sont, à cause de cela, très difficiles à travailler.

Les terres légères sont celles dont les différentes parties constitutives se trouvent naturellement dans un grand état de division, et qui, par conséquent, n'offrent que peu de résistance aux instruments de labour.

Les terres franches ou de consistance moyenne sont celles qui, participant de la nature des terres fortes et de celle des terres légères, tiennent le milieu entre elles, sous le rapport de la ténacité.

§ 2. D. Comment classe-t-on les terrains, sous le rapport du plus ou moins de facilité qu'ils ont d'absorber ou de retenir l'humidité et la chaleur?

R. Sous le rapport du plus ou moins de facilité qu'ils ont à absorber et retenir l'humidité ou la chaleur, on classe les terrains en terrains froids ou humides, secs, chauds ou arides, et en terrains sains.

§ 3. D. Qu'entend-on par terrains froids et humides?

R. Les terrains froids et humides sont ceux qui, une fois bien pénétrés par les eaux dont ils absorbent une grande quantité, se dessèchent très lentement. Ils sont très difficilement accessibles à la chaleur par cela même, et aussi parce qu'ils reposent presque toujours sous un sous-sol imperméable, c'est-à-dire qui ne peut être traversé par les eaux, comme l'argile pure ou terre glaise, et certains bancs de pierre. Ceux où les eaux croupissent le plus longtemps, sont appelés *marécageux*.

§ 4. D. Qu'entend-on par terrains secs, chauds ou arides?

R. On appelle secs, chauds ou arides, les terrains

à travers lesquels l'eau passe, pour ainsi dire, comme à travers un crible, et que la chaleur pénètre avec la même facilité ; ils perdent l'humidité et absorbent ou conservent d'autant mieux la chaleur, qu'ils se trouvent le plus souvent sur un lit de sable pur, de gravier ou de cailloux.

§ 5. D. Qu'entend-on par terrains sains?

R. On entend par terrains sains ceux qui reçoivent et laissent échapper alternativement l'humidité et la chaleur, dans les conditions de temps et de quantité les plus favorables à la végétation des plantes.

CHAPITRE III. — COMPOSITION DES TERRAINS.

§ 1. D. Comment classe-t-on les terrains par rapport aux substances qui les composent ?

R. On peut classer principalement les terrains, par rapport aux substances qui les composent, en *terrains argileux, sablonneux, calcaires, granitiques, schisteux, volcaniques* ou d'*alluvion,* selon que l'argile, le sable, la chaux, le granite ou le schiste réduits en menus fragments, les matières vomies autrefois par les volcans ou les matières limoneuses déposées par les eaux, dominent dans leur composition.

§ 2. D. Qu'est-ce que l'argile?

R. L'argile est cette terre tantôt blanchâtre, tantôt jaunâtre, tantôt brunâtre, avec laquelle on fabrique la poterie, les tuiles, les briques, les tuyaux de conduite pour les eaux ; elle absorbe une énorme quantité d'eau, forme avec elle une pâte épaisse, et lorsque à force de chaleur elle se dessèche, elle diminue de volume, se fend, et forme des crevasses souvent profondes. L'argile pure ou terre glaise, sans aucun mélange de terre sablonneuse, ou calcaire, ou de terreau, est tout-à-fait impropre à la culture.

§ 4. D. Qu'est-ce que le sable ?

R. Le sable que contient la terre végétale est une matière de même nature que les roches, pierres et graviers dont il provient, mais divisée à l'infini. Son aspect et sa divisibilité varient suivant la couleur et la dureté des roches, cailloux et pierres dont il est formé par la dissolution insensible ou le fractionnement presque indéfini de leurs parties. Il existe encore dans la terre végétale ou au-dessous, à l'état primitif. Le sable pur, qu'on appelle aussi *silice*, est stérile.

§ 4. D. Qu'est-ce que la chaux ?

R. La chaux est un corps blanchâtre et terreux qu'on obtient en faisant brûler les pierres à chaux. Lorsqu'elle sort du four, on l'appelle chaux vive. Dès qu'on verse de l'eau en certaine quantité sur la chaux vive, elle s'échauffe, fume, acquiert un volume beaucoup plus considérable et se réduit en poudre. Le même effet résulte de l'exposition de la chaux vive à l'air, parce que l'air contient toujours de l'humidité dont la chaux vive s'empare. Lorsqu'elle est réduite en poussière, on l'appelle chaux éteinte, parce qu'elle a perdu la propriété d'entrer en effervescence ou de fuser.

On appelle *calcaires* les terrains qui contiennent de la chaux provenant de la décomposition des pierres à chaux.

On appelle *marne* la pierre à chaux ou la chaux minérale dans laquelle l'argile se trouve en assez forte proportion, et terrains *marneux* ceux où la marne domine.

Ce sont ces deux sortes de terrains qu'on désigne plus particulièrement sous le nom de *terres fromentales*, parce que le froment y réussit mieux que sur les autres.

§ 5. D. A quels signes peut-on reconnaître qu'un terrain contient de la chaux ou de la marne ?

R. On peut facilement reconnaître la présence de la chaux et de la marne. Il suffit d'arroser la terre qu'on veut éprouver avec de fort vinaigre, de l'eau forte, ou de l'esprit de sel. L'épreuve se fait sur une forte pincée de terre bien sèche. Si la terre qu'on éprouve bouillonne avec effervescence, comme lorsqu'on jette de l'eau sur de la chaux vive, c'est une preuve certaine qu'elle contient de la chaux ou de la marne.

§ 6. D. Qu'est-ce que le granite et le schiste ?

R. Le granite est une sorte de pierre ou de roche fort dure, formée d'un assemblage d'autres petites pierres de différentes couleurs, liées ensemble par une espèce de ciment naturel.

Le schiste est une pierre qui se détache par feuilles comme l'ardoise. On donne le nom générique de schiste à toutes les pierres qui se divisent en lames, quelle que soit la consistance de ces lames.

C'est l'espèce de sable ou de gravier résultant de la grande division du granite et du schiste, qui donne son nom aux terrains où il domine, et qu'on appelle alors *granitiques* ou *schisteux*.

Les substances que nous venons d'indiquer, lorsqu'elles sont prises isolément, pures de tout mélange, sont toutes impropres à la culture, à cause de leur stérilité ; cependant, lorsqu'elles sont combinées en de certaines proportions où l'argile, la chaux et le terreau doivent se trouver ensemble ou séparément, elles peuvent devenir très fertiles, leurs propriétés se modifiant les unes par les autres.

§ 7. D. N'y a-t-il pas d'autres variétés de terrains que celles qui viennent d'être indiquées ?

R. Il y a un grand nombre de variétés de terrains qui empruntent leurs noms aux substances déjà décrites, et à quelques autres qui s'y trouvent mêlées. Mais tous ces terrains ayant pour base les matières minérales dont il a été parlé, et pouvant tous être compris dans les classifications générales qu'on vient d'indiquer, des distinctions plus nombreuses ne pourraient que mettre la confusion dans cette nomenclature, sans utilité réelle.

CHAPITRE IV. — DU TERREAU.

§ 1. D. Qu'entend-on par terreau ?

R. On entend par terreau cette terre noirâtre, meuble, légère, se réduisant facilement en poussière, et qui est formée par la décomposition, soit du fumier proprement dit, soit des plantes et des substances animales. Si vous délayez le terreau dans de l'eau, vous obtenez un liquide brunâtre. C'est cette matière qui, portée par les eaux pluviales à l'extrémité des racines, fait la principale nourriture des plantes. Le terreau constitue donc la plus précieuse richesse de la terre végétale. Il se pénètre de beaucoup d'eau, la retient assez longtemps, s'échauffe promptement, et communique ainsi de la chaleur aux terrains naturellement froids.

§ 2. D. Est-il nécessaire que la terre contienne du terreau pour être fertile ?

R. Pour être fertile, la terre arable doit nécessairement contenir une certaine quantité de terreau, qui peut varier selon la nature des plantes, celle du terrain, et l'état sec ou humide de la saison.

§ 3. D. D'après ce qui vient d'être dit sur la composition des terrains, de quelles parties principales se compose la terre végétale ?

R. Pour résumer tout ce qui précède sur la composition des terrains, on peut dire que la terre végétale se compose de deux parties, savoir : de substances organiques, et de substances inorganiques. On entend par substances organiques, toutes les matières propres à la nourriture immédiate des plantes, et qui concourent ainsi à leur organisation. Les savants appellent ces matières *humus*, et les simples agriculteurs lui donnent le nom de terreau, lorsqu'elles sont combinées avec une certaine quantité de terre.

Les substances inorganiques sont celles qui ne peuvent pas servir directement à la nourriture des plantes. Ce sont les minéraux dont nous avons déjà parlé, et une infinité d'autres dont il est inutile de parler ici.

§ 4. D. Y a-t-il un moyen de se rendre compte de la proportion exacte des substances organiques contenues dans un terrain?

R. Il y a un moyen certain de se rendre compte de la proportion exacte des substances organiques contenues dans un terrain quelconque. L'expérience à faire pour cela repose sur ce fait que les parties organiques de la terre sont combustibles, c'est-à-dire qu'elles peuvent être brûlées, tandis que les parties inorganiques ne peuvent pas l'être. Ce fait admis, on prend une certaine quantité de la terre à éprouver ; on la fait sécher aussi complètement que possible au soleil ou devant un feu modéré ; lorsque toute l'humidité s'est évaporée, on pèse exactement cette terre, puis on la fait brûler, jusqu'à ce qu'elle devienne rouge, dans une cuiller de fer, sur de la braise. Cette terre devient d'abord noire, puis lorsque la matière noire est consumée, elle prend une teinte rougeâtre, ou d'un gris brun. Ce qui reste est la partie inorganique ou minérale de la terre. En pesant le résidu, on arrive à cette conclusion, que la différence du premier poids au second représente le poids de la partie organique de la terre, et l'on sait alors dans quelle pro-

portion cette partie se trouve dans la terre végétale,
par rapport à la partie inorganique.

CHAPITRE V. — QUALITÉ DES TERRAINS.

§ 1. D. Quels sont les inconvénients et les avantages des terres
fortes argileuses ?

R. Les inconvénients des terres fortes argileuses
sont d'être d'un travail extrêmement pénible et dispendieux, tant à cause de la force considérable qu'elles
exigent, que de la difficulté de trouver le moment
opportun de les travailler. Lorsqu'elles sont très
humides, ce qui arrive souvent, elles forment une sorte
de pâte tenace que la charrue soulève sans pouvoir
la diviser autrement qu'en longues bandes. Lorsqu'elles sont sèches, au contraire, il est presque impossible de les entamer à cause de leur dureté. Si
cependant on a fini par les ameublir bien ou mal,
la moindre pluie un peu forte tasse le terrain, qui
forme à sa partie supérieure une croûte dure et
épaisse qu'il faut rompre à la masse, ou par des
hersages ou des sarclages répétés, si l'on veut que
les plantes puissent profiter de la chaleur et de l'humidité. La première condition de succès pour rendre
ces terrains productifs, c'est de faciliter l'écoulement
des eaux.

§ 2. D. A côté de ces inconvénients, les terrains argileux n'of-
frent-ils aucun avantage ?

R. Lorsque les labours et les autres façons ont pu
être faits à propos sur les terrains argileux, ce qui est
fort rare, les produits sont quelquefois assez abondants ; mais ils sont tardifs, et souvent de qualité
médiocre. Les arbres y donnent des bois moins durs,
moins sains et plus impressionnables aux fortes gelées;
les froments y ont assez belle apparence dans les an-

nées favorables, mais ils y grènent peu, et les grains, gonflés d'eau avant la maturité, diminuent beaucoup de volume à cette époque. Les herbages y réussissent assez bien, mais ils n'y sont pas très nourrissants ; les racines, les légumes et les fruits y acquièrent assez de volume ; mais ils ont d'ordinaire peu de saveur, et contiennent peu de substances nutritives.

Ces terrains ont l'avantage de conserver plus long-temps que tous les autres les engrais qu'on leur applique ; mais cet avantage n'est qu'apparent, puisque les plantes profitent d'autant moins de ces engrais, qu'ils s'y décomposent plus lentement.

§ 3. D. Quels autres avantages présentent les terrains argileux ?

R. Dans les pays riches en bois ou en charbon de terre, on peut très fructueusement exploiter les argiles pour la fabrication des tuiles, briques et tuyaux de conduite pour les eaux.

Les avantages bien reconnus de l'opération de dessèchement des terrains, appelée *drainage*, et qui consiste à creuser des tranchées dans les terres imperméables, d'y recueillir les eaux et les diriger au moyen de tuyaux en terre appelés *drains*, sur les points où elles peuvent être utilement employées, donne plus de valeur aux terrains argileux, d'abord parce que c'est avec la terre argileuse qu'on fabrique les drains, et ensuite parce que les terrains argileux, reposant presque tous sur une couche de terre glaise imperméable, sont ceux qui ont le plus besoin du drainage pour devenir fertiles.

Dans les pays où le bois et la pierre manquent, on emploie la terre argileuse pour des constructions peu coûteuses qu'on appelle *pisé*. Pour faire le pisé, on tasse fortement l'argile mouillée dans des moules, sur la construction même. Lorsque le mur ainsi élevé est tout-à-fait desséché, il devient assez solide, surtout s'il reçoit un bon crépi à la chaux.

§ 4. D. Quels sont les avantages et les inconvénients des terres légères ?

R. Les terres légères ont des avantages et des inconvénients opposés à ceux des terres argileuses. Elles peuvent se travailler sans peine et presque en toute saison; mais elles ne peuvent retenir l'humidité assez longtemps, pour que la végétation soit régulière. Si elles s'échauffent facilement au printemps, elles se dessèchent aussi très vite en été; elles n'ont pas besoin d'autant de façons pour leur ameublissement; mais cette division de leurs parties a l'inconvénient de ne pas offrir assez d'appui et de solidité aux racines. Les instruments d'agriculture s'y usent très vite. Les plombages leur conviennent; ils consistent dans le tassement du terrain contre les racines des plantes. Les irrigations fréquentes leur sont très profitables. Dans ces terres, lorsqu'elles ne sont pas sablonneuses, mais granitiques ou schisteuses, et surtout lorsqu'elles sont marécageuses, les blés sont très sujets au déchaussement. Le déchaussement arrive lorsque ces sortes de terres, s'étant soulevées par la gelée, laissent à nu les racines de blé, ce qui cause la mort des tiges, à moins qu'on n'ait le soin de les tasser fréquemment.

§ 5. D. Quels sont les avantages des terres franches, ou de consistance moyenne ?

R. Les terres franches ou de consistance moyenne, soit qu'elles contiennent de la chaux, du sable ou de l'argile, avec une certaine quantité de terreau, sont les meilleures terres labourables, pourvu qu'elles aient assez de profondeur. Ces terrains sont chauds, sans être brûlants; humides, sans être froids; et consistants, sans ténacité. Ils sont facilement péné-

trés par les pluies, par l'air, par les plus faibles racines des plantes. Moins promptement accessibles à la
chaleur du printemps que les terres tout-à-fait sablonneuses, ils le sont beaucoup plus que les terres
argileuses, et conservent longtemps leur humidité à
l'époque des chaleurs. Par suite de toutes ces circonstances, ils se trouvent dans l'état le plus favorable à
la décomposition des engrais, qu'ils entourent, pendant la végétation, d'une humidité chaude et modé-
rée. Ils n'exigent pas de fréquents labours. Il est facile
de les leur donner, en raison du peu de résistance
qu'ils opposent aux instruments de culture. Tous les
engrais leur conviennent. En un mot, ce sont les plus
fertiles que l'agriculteur puisse exploiter, surtout lorsqu'ils participent de la nature des terres
volcaniques, des terres d'alluvion, terrains auxquels se rapportent surtout les avantages qu'on vient
d'énumérer.

CHAPITRE VI. — DESTINATION DES TERRAINS.

§ 1. D. Est-il indifférent de cultiver toutes les espèces de plantes
utiles sur tous les terrains, quelle que soit leur nature?

R. Il n'est pas indifférent de cultiver sans discernement les plantes utiles, eu égard aux différentes
variétés de terrains. Il est, au contraire, très important, pour en obtenir les meilleurs produits possibles,
de les placer sur les terrains qui leur conviennent le
mieux.

§ 2. D. Quelles sont les plantes qu'il convient de cultiver sur les
terres fortes ou argileuses?

R. L'agriculteur soigneux et prudent cultivera sur
les meilleurs terrains argileux, savoir, parmi les
grains : le froment, l'avoine et les fèves ; parmi les
fourrages : le trèfle de Hollande, les pois, les vesces,

les gesses, la chicorée sauvage, les choux; parmi les racines : les rutabagas, les choux-raves, les betteraves; parmi les plantes à huile : le colza, le pavot, la moutarde. Il utilisera les terrains médiocres de la même nature en prairies naturelles ou pâturages, et les plus mauvais en plantations d'arbres, parmi lesquels les bois blancs réussiront le mieux.

§ 3. D. Quelles sont les plantes qui réussissent le mieux sur les terres franches ou de consistance moyenne, sur les terres volcaniques et celles d'alluvion ?

R. Sur les bonnes terres franches ou de consistance moyenne, volcaniques ou d'alluvion, l'agriculteur cultivera utilement presque toutes les plantes, principalement les grains de toute espèce, et en particulier l'orge, les haricots, les pois, le maïs ; toutes les plantes fourragères, les pommes de terre, les navets, les betteraves, le colza, le lin, le chanvre, le tabac, la garance. Dans les parties basses ou faciles à arroser, les prés et pâturages y donneront des produits très abondants et d'excellente qualité, surtout si le terrain est calcaire. Les arbres de toute sorte y croissent très vite ; la vigne et les fruits de toute espèce, surtout ceux à pépins, y réussiront parfaitement, si le climat et l'exposition leur conviennent d'ailleurs. C'est là que les noyers, les châtaigniers, les chênes, les mûriers atteignent leur plus grand développement, et que les légumes acquièrent leur plus gros volume sans perdre de leur saveur.

§ 4. D. Quelles sont les plantes qu'on doit cultiver sur les terrains sablonneux et légers ?

R. Les plantes qu'on doit cultiver de préférence sur les terrains sablonneux ou terres légères en général, sont, pour les grains : le seigle et le sarrasin ; pour les fourrages artificiels : le trèfle annuel, dit trèfle incarnat, la lupuline, la spergule ; pour les racines fourragères et alimentaires : les raves, les pommes de terre, les carottes ; pour les plantes à huile : la navette. Les prés et pâturages arrosés y donnent des produits satisfaisants en qualité et en quantité. Les arbres qui y croissent le mieux sont : le saule-marsault, le charme, le hêtre et les arbres résineux.

§ 5. D. Quelles sont les plantes qui réussissent le mieux dans les terrains granitiques et dans les terrains schisteux ?

R. Les terrains granitiques et schisteux qui ont beaucoup de rapports entre eux, conviennent au seigle et à l'orge, aux raves, aux navets, aux arbres fruitiers et aux arbres résineux, suivant le climat et l'exposition. Les prairies naturelles y réussissent bien dans les vallées et dans les terrains qu'on peut arroser. Le gros et le menu bétail s'y élèvent avec avantage : témoin les chevaux du Limousin, les bœufs d'Auvergne, les moutons des Ardennes.

DEUXIÈME PARTIE.

SCIENCE DES ENGRAIS ET DES AMENDEMENTS.

CHAPITRE I. — EFFETS DES ENGRAIS ET DES AMENDEMENTS.

§ 1. D. Qu'entend-on par amendements ?

R. On entend par amendements, toutes les substances, de quelque nature qu'elles soient, qui peuvent servir, soit à corriger les défauts naturels du sol, soit à activer la végétation des plantes, sans leur donner directement de la nourriture, mais en les disposant à mieux profiter de celle que leur offrent le sol, les engrais proprement dits et l'air lui-même. Ces derniers amendements, qu'on appelle *stimulants* ou *excitants*, produisent sur les plantes le même effet que le sel et les substances analogues produisent sur l'estomac, en aiguisant l'appétit et en favorisant la digestion. Ils rendent les plantes, en quelque sorte, plus avides de s'emparer de tout ce qui peut favoriser leur développement.

§ 2. D. Qu'entend-on par engrais ?

R. Par engrais, on entend tout ce qui ajoute ou rend au sol les substances qui peuvent nourrir les plantes, et que la culture lui a enlevées ou peut lui enlever. Ils proviennent de la décomposition des végétaux eux-mêmes, de toutes les parties des corps des animaux, et de leurs excréments. On peut dire qu'en général toute matière susceptible de décomposition putride, c'est-à-dire pouvant se pourrir, constitue un engrais.

La Providence a voulu que la décomposition des corps affectât péniblement les sens les plus subtils de l'homme, afin qu'étant obligé d'enfouir promptement les corps végétaux ou animaux en putréfaction, il pût acquérir l'expérience de leur utilité en agriculture, en voyant la végétation puissante des plantes les plus rapprochées de ces enfouissements. C'est ainsi que les objets les plus capables, en apparence, d'inspirer du dégoût, deviennent une source féconde de richesses pour l'agriculteur intelligent et soigneux.

§ 3. D. Dans quel cas les terrains ont-ils besoin d'être amendés ou engraissés ?

R. Toutes les fois que le sol arable n'est pas très

fertile, soit naturellement, soit par les engrais qu'il reçoit, il peut être utilement amendé, parce qu'alors il y a excès ou défaut dans les proportions des divers éléments constitutifs qui le composent. Si l'agriculteur connaît bien la science des terrains, comme elle a été expliquée dans la première partie de ce Manuel, il saura facilement quels sont les meilleurs amendements qu'il peut appliquer à chaque terrain, selon ses défauts particuliers.

Quant aux engrais proprement dits, il faut bien se garder d'attendre que la culture ait épuisé tous leurs principes fertilisants, pour en faire une nouvelle application au sol ; ce serait, comme on dit, *tuer la poule aux œufs d'or*, c'est-à-dire mettre la stérilité à la place de la plus réelle de toutes les richesses. La terre est une bonne nourrice qui donne d'autant plus de produits, qu'on la travaille et qu'on la nourrit mieux elle-même. Que dirait-on de celui qui, ayant une excellente vache à lait, ne lui donnerait pas suffisamment à manger ? Il perdrait, par son avarice, la précieuse ressource que des soins bien entendus lui auraient assurée. Qu'arriverait-il à l'agriculteur qui, sans engraisser son terrain et presque sans le travailler, prétendrait lui faire rapporter récolte sur récolte ? Il ruinerait sa terre, et se ruinerait lui-même. La terre n'est pas ingrate ; elle paye au centuple ce qu'on fait pour elle, mais elle dispense ses bienfaits en proportion du travail et des soins qu'elle reçoit. C'est ce fait qui justifie le proverbe : *Tant vaut l'homme, tant vaut la terre.*

§ 4. D. Toutes les plantes épuisent-elles également le sol ?

R. Le sol arable naturellement fertile, ou amené à un état de fertilité convenable par des amendements judicieux et des fumures suffisantes, contient un grand nombre de substances diverses propres à la nourriture des plantes. Il représente pour elles, en ce qui concerne leur nutrition, ce que serait pour une nombreuse assemblée de gens portés de bon appétit, une table abondamment servie de mets divers. Les convives les plus affamés mangent de tout sans distinction, sans choix ; mais le plus grand nombre, tout en ne dédaignant rien, prennent plus volontiers ce qui est le plus de leur goût. De même, parmi les plantes que nourrit la terre, les unes sont gourmandes et dévorent toutes les substances nutritives qui sont à la portée de leurs racines avides ; les autres se contentent, en général, de puiser dans le sol les sucs qui leur conviennent le mieux, sans presque goûter, si l'on peut s'exprimer ainsi, aux autres aliments qu'il leur offre. Quelques-unes même, ayant une végétation très prompte, laissent à la terre plus qu'elles ne lui ont enlevé.

§ 5. D. Comment classe-t-on les plantes par rapport à leur plus ou moins de facilité à absorber les engrais?

R. On classe les plantes en raison de la propriété qu'elles ont d'absorber plus ou moins les substances nutritives du sol, en *plantes épuisantes*, c'est-à-dire qui enlèvent à la terre plus de sucs nutritifs qu'elles ne lui laissent de débris fertilisants ; et en *plantes améliorantes*, c'est-à-dire qui laissent, à la terre où elles ont vécu, plus de principes nutritifs qu'elles ne lui en ont emprunté.

Lorsqu'il sera question de la culture particulière de chaque plante utile, on dira à laquelle de ces deux classes chacune d'elles appartient.

§ 6. D. Quelles conséquences l'agriculteur doit-il tirer de ce que toutes les plantes n'épuisent pas le sol également, et ne lui enlèvent pas les mêmes sucs nourriciers?

R. De ce que toutes les plantes n'épuisent pas également le sol, et ne lui enlèvent pas les mêmes sucs nourriciers, l'agriculteur doit tirer cette conclusion que, puisqu'on cultive d'ordinaire chaque plante utile séparément, espèce par espèce, chaque culture laisse encore après elle dans le terrain des aliments précieux pour d'autres plantes qui ne sont pas aussi avides des mêmes engrais qu'elle a épuisés. C'est l'expérience de ce fait qui a appris à l'agriculteur à varier ses récoltes, afin qu'aucun suc propre à servir de nourriture à une plante utile ne soit perdu pour la production ; il lui a encore appris qu'il devait rendre au sol, à mesure que les cultures les lui enlevaient, les substances nécessaires à la nourriture des plantes, par l'application successive et judicieuse des engrais et des amendements. Il tient toujours son terrain en parfait état de propreté, par des façons d'entretien données à propos, car les mauvaises plantes épuisent le sol autant, au moins, que les bonnes ; il amende et fume peu et souvent, s'il a un terrain léger ; largement et moins fréquemment, s'il a un terrain fort, et selon que l'expérience lui aura appris que les engrais se décomposent et sont absorbés plus ou moins rapidement ; et il ne perd jamais de vue que plus il donne à la terre en travaux, en engrais et en amendements, appliqués à propos, et plus il en retire de produits. C'est ainsi que la terre peut, sans jamais s'épuiser, donner en abondance ses précieuses récoltes.

§ 7. D. Y a-t-il inconvénient à trop amender ou fumer un terrain ?

R. L'inconvénient qui peut résulter d'une trop forte fumure ou d'un amendement trop puissant, est fort rare, car bien peu d'agriculteurs ont trop d'engrais. Néanmoins, il est facile de comprendre que, par un amendement qui apporterait en excès sur un terrain les substances terreuses ou minérales qui lui manquent, on tomberait dans un inconvénient opposé à celui qu'on voulait corriger; il faut donc amender avec discernement. L'application d'une trop forte fumure est sans danger pour les prés naturels et artificiels, et pour presque toutes les plantes dont le produit essentiel consiste dans la tige ou les racines; mais pour les grains de toute espèce, il y aurait un grand inconvénient à fumer excessivement; les plantes verseraient, et les fleurs avorteraient en partie; il y aurait, par conséquent, moins de grains. Une sage mesure doit présider à la quantité de fumier à employer pour chaque fumure. Il serait d'autant plus maladroit de s'exposer au danger résultant d'une trop forte fumure que, comme nous venons de le dire, certaines cultures fort importantes par leur étendue et leur objet ne redoutent nullement une application d'engrais, si abondante qu'elle soit.

CHAPITRE II. — DES AMENDEMENTS EN PARTICULIER.

§ 1. D. Quel est le plus utile et le plus durable des amendements?

R. L'amendement le plus utile et le plus durable que l'agriculteur puisse employer sur les terrains qui, d'après ce qui a été dit, ont besoin d'être amendés, consiste dans le mélange des diverses qualités de terre, qui se corrigent ainsi l'une par l'autre. Un agriculteur a, par exemple, une terre trop argileuse et une autre trop légère; ce qu'il peut faire de plus avantageux pour les améliorer, c'est de les amender l'une par l'autre, en les mélangeant jusqu'à ce que la couche arable se trouve suffisamment modifiée.

§ 2. D. Quel est l'effet d'un tel amendement?

R. L'amendement, par le mélange de terres de qualités différentes, a pour effet de changer, dans la proportion qu'on croit nécessaire, la nature même d'un terrain. Une épaisseur de 4 à 5 centimètres d'une bonne qualité de terre parfaitement mélangée par les labours et les autres façons, à un terrain d'une qualité opposée, lui donne certains avantages qui lui manquaient, et le rend propre à recevoir des cultures plus importantes, et à donner de meilleurs produits. C'est ainsi qu'un mélange de 4 à 5 centimètres d'épaisseur de bonne terre argileuse ou calcaire permettra la culture du froment, de l'orge et du trèfle de Hollande, dans des terrains légers qui, sans cette opération, n'auraient pu produire que le seigle et le blé noir. C'est par l'emploi judicieux de ce genre d'amendement que le maréchal Bugeaud, de glorieuse mémoire comme guerrier et comme agriculteur, a fait des merveilles sur ses propriétés de la Dordogne.

§ 3. D. Quels sont les autres amendements les plus usités en agriculture ?

R. Après le mélange des terrains, les amendements les plus usités en agriculture sont : la chaux, la marne et le plâtre. Les cendres, la suie, la terre cuite, les composts, les gazons brûlés, étant à la fois des engrais et des amendements, nous en parlerons dans le chapitre des engrais.

§ 4. D. Comment, dans quelles circonstances et à quelle dose emploie-t-on la chaux comme amendement ?

R. La chaux s'emploie de plusieurs manières comme amendement. La meilleure consiste à mettre la chaux vive, lorsque le sol est préparé pour les semailles, directement sur le terrain qu'on veut amender, par petits tas, à trois ou quatre mètres de distance l'un de l'autre. On recouvre chaque tas d'une couche de terre ; lorsque la chaux est fusée, on la mêle bien exactement avec la terre qui la recouvre, et on répand le mélange aussi uniformément que possible sur la surface du sol, car la chaux tend toujours à s'enfoncer. Cet amendement agit efficacement sur tous les terrains en général qui ne contiennent pas de chaux, et principalement sur les terres marécageuses, argileuses, schisteuses ou granitiques. La dose varie suivant qu'on veut donner au terrain un chaulage puissant, faible ou modéré. Dans le premier cas, il en faut environ 50 hectolitres par hectare, ou un demi-hectolitre par are. Dans le second cas, on emploie la moitié de cette quantité ; 33 hectolitres par hectare suffisent pour le troisième cas.

§ 5. D. Quel est l'effet du chaulage des terres ?

R. Le chaulage a pour effet de détruire ou de modifier dans le sol les substances nuisibles aux plantes. Il fait périr les mauvaises herbes et les insectes ; il ameublit le terrain en favorisant la décomposition des débris végétaux et animaux qu'il renferme, et rend en même temps ces engrais propres à servir directement de nourriture aux plantes ; il préserve les blés du charbon, de la carie ; les grains sont plus pesants et contiennent plus de farine sur les terrains chaulés que sur les autres. Mais pour que la chaux produise tous les bons effets qu'on peut en attendre, il faut avoir grand soin d'assainir préalablement le sol.

La chaux s'emploie avec avantage à la même dose sur les prairies naturelles bien assainies et sur les prairies artificielles. Ces chaulages peuvent se renouveler, avec beaucoup de succès, tous les six ou huit ans.

§ 6. D. Qu'entend-on par le marnage ?

R. Le marnage est le résultat de l'opération par laquelle on répand la marne sur les terres. Il convient sur celles qui sont dépourvues de principes calcaires.

On l'emploie sur ces terrains, convenablement fumés d'ailleurs, et par un beau temps, avant les semailles, à la dose d'un centimètre tout au plus d'épaisseur, sur la superficie bien égouttée du sol. Les effets du marnage ont beaucoup de rapports avec ceux du chaulage ; ils durent une huitaine d'années. On ne marne pas les prairies. Un proverbe dit que la chaux et la marne enrichissent le père et appauvrissent les enfants ; il y a du vrai dans ce proverbe, lorsqu'on n'a pas soin de fumer la terre soumise au chaulage ou au marnage ; parce que ces amendements décomposant plus vite les débris végétaux et animaux contenus dans le sol, les plantes absorbent beaucoup plus vite aussi la nourriture qui résulte pour elles de cette décomposition, et si l'application de nouveaux engrais ne répare pas ces pertes, la terre passe promptement à un état de stérilité.

§ 7. D. Qu'est-ce que le plâtre, et quel est son emploi en agriculture ?

R. Le plâtre est une espèce de chaux qui fournit un amendement très précieux. Il s'emploie cru ou cuit, mais réduit en poudre aussi fine que possible. On le répand sur toutes les espèces de trèfle, sur la luzerne, la lupuline et les prés où ces plantes croissent en abondance ; sur les pois, les vesces, les haricots, les lentilles et les fèves, au moment où ces plantes commencent à pousser, soit au printemps, soit après une coupe. Il faut avoir soin de plâtrer lorsque les feuilles sont encore chargées de la rosée du matin, ou lorsqu'on croit qu'il va tomber une douce pluie. Dans tous les cas, on sème le plâtre à reculons. Si l'on opérait autrement, les pas du semeur enlèveraient une partie du plâtre qui resterait sans effet. La dose ordinaire est d'environ 275 kilogr. par hectare, ce qui représente à peu près le même volume qu'il faudrait pour ensemencer le terrain en blé.

§ 8. D. Quel est l'effet du plâtre, et quels en sont les avantages ?

R. L'effet du plâtre est d'exciter les plantes qu'on vient d'indiquer, à tirer du sol plus de nourriture qu'elles n'en auraient tiré sans cet amendement stimulant. Il les dispose encore à attirer toute l'humidité répandue dans l'air qui les environne ; de sorte que ces plantes, plâtrées à propos, acquièrent un développement beaucoup plus considérable. Le plâtre double et triple souvent le produit de ces fourrages. Il est donc toujours avantageux de les plâtrer, puisqu'ils sont susceptibles d'acquérir un accroissement si considérable de produits, et l'on ne peut comprendre comment, en présence de ce fait, l'usage du plâtre n'est pas universel. On raconte que l'illustre Franklin, voulant populariser en Amérique l'usage du plâtre, et convaincre ses compatriotes des avantages de cet amendement, traça cette phrase en caractères gigantesques sur un vaste champ de trèfle situé aux portes de la principale ville du pays, avec du plâtre en poudre : CECI A ÉTÉ PLÂTRÉ. L'action du plâtre fit bientôt ressortir ces mots par la vigueur et la couleur vert foncé des tiges plâtrées. L'enseignement porta ses fruits, et l'usage du plâtre devint commun en Amérique, quoique alors les agriculteurs de ce pays fussent obligés de le faire venir d'Europe.

§ 9. D. Le plâtre dispense-t-il de l'emploi des engrais ?

R. Loin de dispenser de fumer les terres, le plâtrage, comme tous les amendements excitants, a pour conséquence de rendre plus nécessaire l'application des engrais proprement dits. Si l'on se rappelle que l'effet des amendements stimulants est de donner aux plantes plus de voracité en quelque sorte, pour s'emparer de la nourriture que l'on met à leur portée ; que, par le plâtrage, les feuilles des plantes prennent plus de vigueur, sont au moins doublées en volume et, par conséquent, en puissance, on comprendra facilement que les sucs nourriciers seront plus promptement épuisés. Il convient donc de les restituer à la terre par de nouvelles applications d'engrais. L'agriculteur y gagnera toujours, car avec ce système combiné avec une judicieuse succession de cultures, son terrain deviendra de plus en plus fertile, et lui donnera largement, par les fourrages artificiels ou les racines fourragères, le moyen de satisfaire aux exigences de ce surcroît de production.

CHAPITRE III. — ENGRAIS PROPREMENT DITS. —
ENGRAIS VÉGÉTAUX.

§ 1. D. Comment divise-t-on les engrais proprement dits?

R. On divise les engrais proprement dits en engrais végétaux, engrais animaux, et engrais mixtes.

§ 2. D. Que comprend-on sous le nom d'engrais végétaux, et quelle est leur utilité?

R. Toutes les matières végétales, tiges, feuilles, fruits, bois, en un mot toutes les parties des plantes soumises à la décomposition sans addition de matières animales, constituent ce qu'on désigne sous le nom d'engrais végétal. On donne plus particulièrement celui d'*engrais vert* aux plantes cultivées pour être enfouies.

Les engrais végétaux sont très utiles sous plusieurs rapports. Leur principal mérite est qu'on peut, avec leur aide, engraisser des terres éloignées ou enclavées, sur lesquelles il est souvent presque impossible de charrier du fumier. Un autre avantage de ces engrais, c'est qu'ils donnent de la fraîcheur à la terre ; un troisième, c'est qu'une terre engraissée par ce système, ne produit presque pas de mauvaises herbes.

§ 3. D. Quelle est la manière d'employer l'engrais végétal?

R. La manière la plus usitée d'employer l'engrais végétal, c'est de semer, sur le terrain qu'on veut engraisser, certaines plantes qui peuvent bien y réussir sans engrais, et qui ont une végétation rapide et riche. Lorsqu'elles ont atteint leur développement, et avant la formation des graines, on les retourne dans la terre, où elles se décomposent, et forment un terreau susceptible de servir d'aliment à des plantes plus utiles. Il faut avoir soin de ne pas enfouir l'engrais végétal trop profondément, surtout si l'on sème immédiatement après le labour d'enfouissement, afin que les racines des nouvelles plantes puissent atteindre les matières végétales destinées à être pourries et à servir d'engrais. La manière la plus expéditive d'opérer, c'est de faucher les plantes et les placer dans la raie ouverte à mesure qu'on laboure. D'autres se contentent de les aplanir avec le rouleau.

Pour obtenir de ce système d'engrais tous les bons effets qu'on peut en attendre, il faudrait faire succéder à chaque récolte une nouvelle application d'engrais végétal. Lorsque le terrain à engraisser est déjà trop appauvri pour produire des végétaux assez forts pour que leur enfouissement puisse suffire à sa fumure, on peut y transporter d'ailleurs d'autres végétaux tels que paille, feuilles, mousse, bruyères, qu'on enterre et dont on attend la décomposition pour semer du blé ou d'autres plantes utiles.

§ 4. D. Pourquoi l'enfouissement des plantes destinées à servir d'engrais doit-il avoir lieu avant la formation des graines?

R. L'enfouissement des plantes destinées à servir d'engrais doit être fait avant la formation des graines, parce que la formation des graines enlève au sol la meilleure partie des sucs nourriciers qu'il contient, et parce que les semences mûres, mises en terre par l'enfouissement, pourraient germer de nouveau et affamer la récolte qu'on voudrait faire venir sur ce terrain.

On doit choisir de préférence, pour servir d'engrais végétal, les plantes qui ont les feuilles larges et grasses et une végétation rapide, sans être d'ailleurs épuisantes, et dont la semence ne coûte pas cher. De ce nombre sont : le trèfle de Roussillon, les lupins, les pois, les vesces, les fèves, le blé noir, la spergule et la navette. Les cinq premières plantes qu'on vient de désigner ont cet avantage que, pourvu qu'elles garnissent bien la terre, on peut, par le moyen d'un plâtrage énergique, leur donner une croissance rapide, quand même le terrain se trouverait presque épuisé. On peut réitérer cette opération avant de semer le blé ou les autres plantes qu'on veut cultiver. Pour obtenir une grande masse d'engrais végétal, il convient de semer dru les plantes destinées à être enfouies.

§ 5. D. L'engrais végétal est-il aussi puissant que le fumier ordinaire ?

R. L'engrais végétal ne rend jamais le terrain aussi fertile que l'engrais ordinaire ; il peut être considéré comme un précieux auxiliaire, en attendant mieux. L'effet de l'engrais végétal est peu durable ; il est rare qu'il soit sensible sur une seconde récolte. L'enfouissement des gazons ; celui d'une dernière coupe de trèfle de Hollande ; celui des tiges de pommes de terre ; de maïs ; l'enfouissement, en un mot, de tous les végétaux quelconques ou de certaines de leurs parties, produit aussi un bon engrais végétal.

§ 6. D. N'y a-t-il pas d'autres substances, pouvant servir d'engrais, obtenues par la combustion des plantes ou comme résidus d'une industrie ayant des végétaux pour objet?

R. La cendre qui résulte de la combustion des plantes; celles qui ont été employées pour la lessive et qu'on nomme *charrée;* les cendres des fabriques de savon; de tourbe, de houille; la suie; le pain d'huile; le marc de vendange; celui des cidres et poirés; les résidus de brasseries, de féculeries, des fabriques de sucre de betteraves, etc., constituent des engrais précieux.

§ 7. D. Comment emploie-t-on la cendre et la suie, et quels sont leurs effets?

R. La cendre et la suie s'emploient sur les terres ensemencées ou sur les prairies bien égouttées, à la dose au moins de huit hectolitres par hectare, ou de huit litres par are. Ces engrais sont excellents, en ce qu'ils rendent au sol les sels que la culture lui a enlevés, qu'ils détruisent les mauvaises herbes et favorisent la croissance des bonnes. Ils agissent surtout sur les prés bien assainis, où ils détruisent le jonc et la mousse; sur le trèfle, le lin, les blés et les pommes de terre. Les cendres et la suie doivent être conservées dans un endroit sec jusqu'au moment où on les emploie. Les eaux où l'on a lavé le linge et le fil qu'on a préalablement fait bouillir dans la lessive, sont très bonnes pour l'irrigation des prés. La terre cuite dans les fours à chaux, ou au moyen de bourrées ou fagots, sur place même, est aussi un bon engrais. Il faut avoir soin de la répandre bien également sur le terrain, avant les semailles.

§ 8. D. Quelle est la meilleure manière d'employer les résidus des fabriques, le pain d'huile, les marcs de vendange et ceux qui résultent de la fabrication du cidre?

R. Ces substances réduites en poudre ou divisées le plus possible, peuvent être employées comme engrais, en les répandant directement sur les champs avant les semailles ; en ayant soin, pour le pain d'huile, de donner un labour ou un hersage avant de semer le grain. Sans cette précaution, la poussière de tourteaux destinée à servir d'engrais, mise en contact avec les semences, en brûlerait presque toujours le germe lorsqu'il commencerait à se développer. Ce mode d'emploi des substances qui viennent d'être indiquées n'est pas le meilleur. Comme tous les résidus de fabrique telles que les huileries, distilleries, féculeries, brasseries, etc., forment d'ailleurs une excellente nourriture pour le bétail, il est bien plus avantageux de les faire consommer. On utilise ainsi une ressource précieuse pour l'engraissement du bétail et des porcs, et les excréments des animaux soumis à cette alimentation sont plus abondants et plus riches en matière fertilisante. On ne perd ainsi aucun élément d'engrais ; ils acquièrent même plus de qualité, et l'on gagne par cette combinaison le profit qui résulte de l'engraissement des animaux, que cette nourriture favorise puissamment.

D. Qu'entend-on par écobuage?

R. L'*écobuage* consiste dans l'opération d'enlever à l'aide de la houe ou d'une charrue destinée à cet usage, le gazon, la bruyère, les broussailles qui couvrent un terrain inculte, de faire brûler lentement ces objets, lorsqu'ils sont suffisamment desséchés, et de répandre, aussi exactement que possible, les cendres et la terre brûlée qui en résultent.

La pratique de l'écobuage offre des avantages et des inconvénients. Ses avantages sont : d'ameublir les terrains compactes ; de débarrasser la couche arable des plantes qui l'occupent ; de détruire les germes des mauvaises herbes, ainsi que les œufs et larves des insectes nuisibles, et de les éloigner par l'odeur particulière qui subsiste longtemps après l'opération; d'ajouter, par les sels qui en résultent, à la puissance des engrais, de les suppléer même, mais seulement pour une seule récolte.

Les inconvénients de l'écobuage consistent dans la grande dépense de main d'œuvre qu'il exige, et surtout dans la destruction du terreau et de tous les débris végétaux qui le constituent. L'écobuage, souvent répété sans application d'engrais, épuiserait, dans très peu de temps, le sol le plus riche. Les plantes qui réussissent le mieux sur un écobuage, sont : les raves, navets et rutabagas; le colza, la navette, le trèfle, les pommes de terre, le seigle, le sarrasin. Tout ce qui vient d'être dit de l'écobuage, pour ses effets, s'applique, quoique d'une manière moins absolue, à la méthode de brûler sur le terrain des végétaux secs qu'il n'a pas produits.

CHAPITRE IV. — ENGRAIS ANIMAUX.

§ 1. D. Quelles sont les matières qui constituent les engrais animaux ?

R. Les matières qui constituent les engrais animaux sont de deux sortes : les excréments des animaux, sans addition d'aucune matière étrangère, et les débris ou résidus de leurs corps, tels que la chair, le sang, la peau, les issues, le poil, le crin, les plumes, la laine, les chiffons de laine, le cuir, la corne et les os.

§ 2. D. Quels sont les excréments d'animaux qu'on emploie sans mélange ?

R. Les excréments d'animaux employés comme engrais pur, sont : le fumier de mouton ou des autres animaux, répandu directement sur la terre par le parcage; l'urine des animaux fermentée est appelée

purin ; les excréments humains délayés dans le purin, et qu'on appelle *engrais flamand ;* les excréments
des bêtes à cornes, délayés dans le purin et l'eau, et
soumis à la fermentation ; c'est le *lizier* ou *lizée,* employé en Suisse ; on se sert encore comme engrais pur,
de la *poudrette* ou excréments humains desséchés et
réduits en poudre, de la fiente de la volaille, de celle
des pigeons ou *colombine,* et de celle des oiseaux aqua-
tiques qu'on transporte des îles de l'océan Pacifique,
et qu'on appelle *guano.*

§ 3. D. Qu'est-ce que le parcage, et quels en sont les effets?

R. Le parcage consiste dans le séjour des moutons
ou des autres animaux dans une enceinte fermée de
barrières mobiles, et appelée *parc.* Un excellent
moyen de multiplier les bons effets du parcage, et
d'en abréger la durée, c'est de faire consommer les
fourrages sur place, ou de nourrir les animaux dans
le parc, en leur distribuant leur provende dans des
rateliers ou des auges mobiles. Toutes les déjections
profitent ainsi au terrain, qui se trouve avoir reçu
bien plus promptement la dose d'engrais qu'on veut
lui donner. Lorsque la place où ont parqué les animaux est engraissée, on porte le parc plus loin, et l'on
continue ainsi jusqu'à ce que le champ entier ait été
parqué. Les agriculteurs soigneux ne manquent pas
de donner le parcage dans le sens où la terre doit
être labourée, afin que le labour suive le parcage aussi
immédiatement que possible, pour que les sucs nourriciers, dont il enrichit le sol, ne soient pas desséchés
par le soleil ou les vents, ou entraînés par les pluies,
et soient, au contraire, le plus tôt possible incorporés
à la terre par un labour superficiel.

Le parcage est très avantageux, en ce qu'il permet
de fumer aussi largement que l'état du sol le demande, des terres éloignées ou d'un abord difficile,

et sur lesquelles il serait dispendieux de transporter du fumier d'étable. Il ménage la litière, dont on manque dans beaucoup de fermes, il donne au terrain plus de consistance par le piétinement des animaux. Un avantage qui devrait engager à pratiquer en grand la méthode de nourrir les animaux au parc, c'est d'épargner les frais de fauchage, d'arrachage et de transport, soit de certains fourrages artificiels repoussant promptement, soit de certaines racines fourragères que les moutons et les porcs peuvent très utilement consommer sur le terrain même qui les a produits.

La durée des effets du parcage est proportionnée à son énergie. Un parcage ordinaire suffit à deux récoltes consécutives. Le blé et la récolte qui le suit viennent mieux sur le parcage que si le terrain eût été engraissé de toute autre manière. Les plantes qui réussissent le mieux sur le parcage, sont : le lin, le chanvre, le tabac, le sarrasin, les raves. Il produit d'excellents effets sur les prairies artificielles et sur les prairies naturelles bien égouttées.

§ 4. D. Comment recueille-t-on et prépare-t-on les engrais liquides ?

R. On recueille le *purin* en établissant au-dessous de la fosse à fumier un réservoir, auquel on fait aboutir les rigoles des étables, et où découle le jus du fumier. Le réservoir ne doit pas laisser échapper de liquide, et être, autant que possible, à couvert. L'*engrais flamand* ou *gadoue*, se recueille de la même manière. Il se compose du produit des latrines, délayé dans le purin. Le *lizier* ou *lizée*, est le purin dans lequel on délaye les excréments des bêtes bovines, et qu'on allonge avec de l'eau. On le prépare d'ordinaire dans l'étable même. Voici comment elle doit être disposée pour cela : On creuse derrière la place occupée par les bestiaux, une rigole profonde qui reçoit les urines, et qui est recouverte par de fortes planches de chêne. On y mélange les excréments et l'eau nécessaire pour que la matière soit suffisamment liquide. Un petit réservoir supérieur, alimenté par les eaux pluviales découlant du toit ou celles d'une source, remplit cet office. On dirige ensuite les matières vers la fosse à purin, en lâchant la bonde ou en élevant la porte qui les retient dans la rigole. On n'emploie cet engrais qu'après qu'il a fermenté assez longtemps, un mois, par exemple. Les agriculteurs soigneux ont plusieurs réservoirs destinés à cet usage, afin qu'il y ait toujours de l'engrais liquide préparé à point.

§ 5. D. Comment emploie-t-on les engrais liquides, et quels en sont les effets ?

R. La manière la plus économique et la plus utile d'employer les engrais liquides, consiste dans l'irrigation directe qu'on donne avec ces engrais, aux prairies naturelles ou artificielles placées au-dessous des réservoirs à purin, lorsqu'on peut diriger dans le réservoir assez d'eau pour que cette irrigation ne brûle pas les plantes. Sur des terrains un peu en pente, de fertilité moyenne, mais un peu légers, des prairies naturelles engraissées par des irrigations semblables, répétées assez fréquemment, donnent souvent jusqu'à trois bonnes coupes d'herbe. Des pièces de trèfle de Hollande, dans les mêmes conditions, donnent quelquefois quatre, et la luzerne cinq coupes abondantes. Lorsqu'on n'a pas l'avantage de la situation des lieux, on peut employer l'engrais liquide de la manière suivante. Il faut avoir une pompe en bois, établie à demeure dans le réservoir à purin, au moyen de laquelle on remplit un tonneau placé sur un train de charrette dont les roues doivent avoir les jantes très larges, pour ne pas couper le gazon. Lorsqu'on est sur le champ de trèfle ou sur le pré qu'on veut arroser, on fait couler l'engrais liquide dans une caisse percée de petits trous, qui se trouve placée sous le robinet. L'engrais se répand ainsi avec beaucoup de régularité, à mesure que la barrique avance. Les effets des engrais liquides sont, comme on le voit, très prompts et très puissants, mais ils ne sont pas durables.

Les engrais liquides sont employés dans quelques pays, et surtout dans le département du Nord, pour la culture du colza, de l'œillette et du tabac. On s'en sert toujours avec avantage pour arroser et enrichir le fumier d'étable en le faisant jaillir, au moyen de la pompe, sur le tas placé près du réservoir à purin.

§ 6. D. Comment prépare-t-on la poudrette, et quels en sont l'emploi et les effets ?

R. La poudrette se prépare en faisant évaporer dans une suite de bassins superposés, larges et peu profonds, les parties liquides que contient le produit du curage des latrines. Ces matières finissent par se dessécher, et peuvent être réduites en poudre. On ne fabrique la poudrette que dans le voisinage des grandes villes. L'agriculteur trouvera toujours un grand avantage à employer directement le produit immédiat des latrines, comme engrais liquide ou terreux, ainsi que nous l'enseignerons à l'article des engrais mixtes. Il peut cependant se faire qu'on soit placé de manière à pouvoir avantageusement se servir de la poudrette des villes. Son emploi est facile; on la répand sur la terre au moment du labour, et sur les prairies après l'hiver, dans la proportion de 25 hectolitres par hectare. Cette fumure active beaucoup la végétation à son début, et développe très vite les feuilles des plantes; elle convient, sous ce rapport,

beaucoup mieux aux prairies naturelles et artificielles, au lin, au chanvre et au tabac, qu'aux autres
cultures.

§ 7. D. La fiente de la volaille, la colombine, le guano, sont-ils de
bons engrais, et quelle est la manière de les employer?

R. La fiente de la volaille, la colombine et le *guano*
sont d'excellents engrais ; ce sont les plus actifs de tous.
On réduit ces substances en poudre aussi fine que
possible, sous les meules de moulins à farine ou à
huile, ou à la main, avec des maillets, et on les répand, au printemps, lorsqu'on prévoit une pluie douce,
sur les plantes qui commencent à se développer. On
emploie la fiente de volaille et la colombine, à la dose
de 350 kilogrammes par hectare ; 225 kilos de guano
suffisent dans les mêmes conditions. Mais la cherté
de cet engrais et la facilité qu'on a de le falsifier, en
y mêlant des matières étrangères, font que son usage
est très restreint. Il convient à tous les végétaux, ainsi
que la colombine, mais particulièrement à ceux qui
exigent une ou plusieurs façons d'entretien ; on en
met, en ce cas, une petite poignée ou seulement une
forte pincée, selon le besoin, au pied des plantes, en
les sarclant. Ces engrais sont très excitants ; il est
bon de faire suivre les récoltes qui ont été fumées ainsi,
d'une autre récolte largement engraissée par le fumier
d'étable.

§ 8. D. Comment emploie-t-on les débris des animaux?

R. On enfouit la chair des animaux auprès des arbres fruitiers, ou bien on la mêle par couches alternatives avec de la chaux vive et de la terre, ce qui forme
un engrais très puissant. Les os réduits en farine ou
concassés, les rognures de cornes, celles des sabots de
cheval ou d'onglons de bêtes à cornes, et celles de
cuir, les plumes, les poils, les chiffons de laine, les
crins, se déposent au pied des plantes, et sont parti-

culièrement employés à fumer la vigne, les mûriers et les arbres fruitiers : on les emploie aussi avec succès dans la culture des pommes de terre, des topinambours, du maïs, du houblon.

Les poissons putréfiés ; les résidus des boucheries ; le sang ; les larves de vers à soie, sont traités comme la chair, et mêlés avec de la chaux et de la terre. L'eau dans laquelle on a lavé les moutons ; celle qui a servi pour la filature des cotons, renferment aussi des substances grasses très utiles aux prés qui les reçoivent en irrigations. La farine d'os convient surtout aux prairies épuisées ; on a remarqué que les vaches nourries sur des prés fumés avec la farine d'os, donnaient plus de lait, et du lait plus riche en crême. La farine d'os coûte environ dix francs les 50 kilos ; il en faut 750 par hectare. L'effet dure pendant quatre ans.

CHAPITRE V. — DES ENGRAIS MIXTES.

§ 1. D. Qu'entend-on par engrais mixtes ?

R. On entend par engrais mixtes, les excréments des animaux ou les débris de leurs corps, mêlés à une matière végétale ou terreuse qui les reçoit et s'en imprègne ; ils sont ensuite réunis en tas, fermentent et constituent les fumiers proprements dits.

Les matières végétales les plus usitées comme litières, sont : les diverses espèces de paille, les feuilles sèches, la bruyère, la mousse et les tiges des mauvaises herbes desséchées avant la maturité de leurs graines.

La qualité du fumier est d'autant meilleure qu'il y a moins de litière. Lorsque les bestiaux consomment du fourrage vert, ce qui doit avoir lieu pendant tout l'été dans les exploitations bien ordonnées, il faut

une grande quantité de litière pour recevoir les déjections, parce que celles-ci sont plus abondantes et
plus liquides que lorsque les bestiaux sont au sec.
Ainsi, pendant l'hiver, trois kilos de paille suffiront à
une vache ou à un bœuf nourri au sec, tandis qu'il en
faudra le double, si la même bête est nourrie au vert,
à l'étable.

§ 2. D. Quelle est la meilleure des litières, sous le rapport de la
quantité du fumier qui en provient ?

R. La paille est sans contredit la meilleure des litières qu'on puisse employer, et celle qui produit le
meilleur fumier. Elle absorbe mieux que les feuilles
et les autres végétaux les matières qu'elle reçoit; elle
fermente et se décompose plus vite dans le sol. Les
feuilles les moins bonnes pour servir de litière sont
celles de chêne et de hêtre. On calcule qu'un poids
donné en paille produit autant d'effet comme litière,
et plus tard comme fumier, qu'un poids double de
feuilles.

On fait encore usage pour litière de terre sablonneuse
desséchée, et de la tourbe. La litière terreuse absorbe
parfaitement la partie liquide du fumier, et contribue
ainsi à la propreté des étables. Il faut avoir le soin
d'employer ce fumier sur des terrains de qualité différente de la terre qui a servi de litière. On amende
ainsi le sol en l'engraissant. Ce fumier a l'inconvénient
de se charger plus difficilement que celui de paille. A
côté de cet inconvénient, il a l'avantage de pouvoir
se répandre comme l'on veut, s'il est suffisamment
desséché et pulvérisé, et de ménager la paille. La litière terreuse convient surtout aux moutons, qui se
trouvent très mal de séjourner sur la litière humide.

§ 3. D. Comment divise-t-on, sous le rapport de l'effet qu'elles produisent, les diverses espèces d'engrais mixtes ?

R. On divise les fumiers proprement dits, ou engrais mixtes, d'après leurs effets, en engrais *chauds* et en engrais *froids*. Les engrais chauds sont le fumier de mouton, de chèvre, de cheval et de lapin ; les engrais froids sont ceux des bêtes à cornes et des porcs.

La colombine, les excréments humains rentrent, sous ce rapport, dans la catégorie des engrais chauds.

Les fumiers chauds conviennent aux terrains froids, humides, argileux. Les plantes à huile se trouvent particulièrement bien de celui de mouton. Le fumier des bêtes à cornes fermente plus lentement; son action est plus durable ; il convient à tous les terrains, à toutes les plantes. Le fumier de porc est le plus froid de tous ; comme les porcs mangent avidement, il contient souvent des semences mal digérées de mauvaises herbes ; il est bon de le mêler au fumier de cheval ou de mouton, qui en corrige les défauts. On a fait des expériences comparatives pour aprécier la valeur des fumiers d'après le produit des grains. Avec la même quantité de fumier, sur un sol de même nature, on a obtenu les résultats suivants : avec les excréments humains, les grains ont rapporté 15 fois la semence ; avec le fumier de mouton ou de chèvre, 13 fois ; avec celui de cheval, 11 fois ; avec celui des bêtes à cornes, 8 fois ; avec celui de porc, 5 fois.

§ 4. D. La qualité du fumier est-elle toujours la même, selon les animaux dont il provient ?

R. La qualité du fumier dépend beaucoup de la manière dont les animaux sont nourris. Plus la nourriture d'un animal est abondante, et meilleure elle est, plus aussi son fumier sera gras et puissant. C'est pourquoi le bétail qu'on engraisse fournit de meilleur fumier. La qualité du fumier dépend encore beaucoup de son état de décomposition. Le fumier est, en général, d'autant meilleur sous ce rapport, qu'il forme une masse grasse et onctueuse plus uniforme.

§ 5. D. Quel est l'emploi des divers fumiers, par rapport aux terres et aux plantes auxquelles on l'applique?

R. Un agriculteur intelligent doit appliquer les fumiers selon les terrains et les cultures. Quelques exemples expliqueront ce principe général. Veut-on fumer une terre légère et y faire croître des plantes fourragères? Il faut employer le fumier des bêtes à cornes bien décomposé; qu'il soit gras, onctueux, et puisse être facilement répandu et incorporé au sol. Il faudra donc attendre qu'il soit assez pourri pour le conduire sur les champs de cette nature. S'agit-il, au contraire, de faire venir du blé dans un terrain froid, humide et compacte? Il faudra préférer le fumier de cheval ou de mouton très peu décomposé, car il aura pour effet d'ameublir et d'échauffer le terrain, en même temps qu'il l'engraissera. Il y a avantage de conduire le fumier directement de l'étable sur les terrains de cette espèce, parce qu'ils profitent de la chaleur qui résulte de leur fermentation en terre. On le laisse, dans ce cas, très peu de temps en petits tas, avant de le répandre et de l'enfouir. Les blés ne doivent pas être fumés trop fortement; il n'en est pas de même des fourrages et des racines. Le fumier consommé doit être employé pour les cultures de printemps dont la croissance est rapide; on l'applique aux chanvres, aux choux, aux raves, aux pommes de terre, aux betteraves, etc. Pour les semailles d'hiver, le fumier peut être employé plus frais, parce qu'il a plus de temps pour se décomposer.

§ 6. D. Quelle est, en poids, la quantité de fumier nécessaire pour engraisser convenablement une terre destinée à produire du blé?

R. Il est difficile de préciser quelle est la quantité

de fumier nécessaire pour chaque culture ; cela dépend beaucoup de l'état de fertilité du terrain ; mais, en le supposant de fertilité moyenne, voici les quantités, par hectare, que l'on peut prendre pour exemple. Fumer à 25,000 kilogrammes de fumier suffisamment décomposé, c'est fumer faiblement ; il en faut 40,000 kilog. pour constituer une bonne fumure. On engraisse fortement avec 60,000 kilogr. La proportion du poids au volume, pour le fumier, varie suivant son état de décomposition : si le tombereau de fumier bien pourri pèse 900 kilogr., le même tombereau de fumier non décomposé ne pèse que 600 kilogr. et souvent moins encore. Le mètre cube de fumier, convenablement pourri, pèse en général 750 kilogrammes.

§ 7. D. Comment doit-on placer et préparer les fumiers ?

R. Il est avantageux de placer les fumiers d'étable sur un terrain un peu élevé, afin d'en pouvoir recueillir les égouts qui fermenteront, comme il a été dit, dans le réservoir à purin. L'exposition du nord est préférable, en ce que la fermentation y sera plus lente, et que le tas se desséchera moins. Il serait bon que cette place fût à l'abri du soleil et de la pluie, qui, par une action opposée, diminuent de beaucoup la valeur des fumiers. Dans tous les cas, plus la litière aura été composée de végétaux durs, tels que genêts, bruyères, etc., plus le fumier doit rester longtemps en tas. Le fumier sera étendu en couches aussi uniformes que possible ; il sera pressé et fréquemment arrosé avec le purin, à l'aide de la pompe ou de toute autre manière, afin qu'il se mélange bien, et que toutes ses parties les plus susceptibles d'évaporation, et qui sont aussi les plus précieuses, ne puissent se perdre. Une très bonne méthode serait de semer du plâtre ou de la cendre à la surface du tas, chaque fois qu'on y étend de nouveau fumier, parce que ces matières retiennent les sels les plus fugitifs. A défaut de plâtre ou de cendres, il est bon d'employer de la terre et de la tasser sur la surface, mais en petite quantité.

§ 8. D. Qu'est-ce que le noir animal, et quels en sont l'emploi et les effets?

R. Le noir *animal* est le charbon qui a servi dans les raffineries de sucre. Il contient du sang desséché. On peut en augmenter la richesse en y mêlant toutes les substances animales fluides, molles ou très divisées ; on l'appelle alors *noir animalisé*. Les matières traitées ainsi se décomposent lentement et fournissent de la nourriture aux plantes pendant toute leur végétation. Cet engrais s'emploie répandu sur la terre en même temps que les semences, ou déposé par petites poignées au pied des plantes, suivant l'espèce. Il produit un très bon effet répandu sur les prairies naturelles ou artificielles, au commencement du printemps.

§ 9. D. Qu'entend-on par composts?

R. On appelle *composts* des mélanges de terre, de végétaux, de débris d'animaux, de fumier, de chaux, de cendres, de vase, qui fermentent lentement et forment un engrais mixte d'autant meilleur qu'ils contiennent moins de terre. On mélange ces diverses matières par couches, en observant de placer la chaux entre deux couches de végétaux, puis, quand la décomposition des parties végétales et animales est terminée, on emploie le compost en le répandant sur le sol avant les semailles, ou bien sur les prairies artificielles ou naturelles. Il faut avoir soin, en chargeant les tombereaux, de couper le compost bien à pic, en ne prenant qu'une très petite largeur, afin que la masse soit plus intimement mélangée. Il serait encore mieux de retourner le compost, et de le laisser quelque temps en cet état avant de l'employer.

§ 10. D. Qu'est-ce que l'engrais Jauffret?

R. L'*engrais Jauffret*, ainsi nommé du nom de son inventeur, cultivateur provençal, est un engrais formé au moyen d'une lessive ou levain d'engrais, se rapprochant par sa composition de la nature de l'urine des bestiaux, dans laquelle on trempe des mauvaises herbes, de la paille, des feuilles, de la bruyère, des genêts, en un mot de tous les végétaux qu'on a sous la main, et qu'on dispose en tas pour les faire fermenter.

Voici la manière indiquée par Jauffret lui-même, de constituer cette lessive au levain d'engrais, et de s'en servir, soit à la maison, soit sur le sol à fumer, en se rapprochant toujours de l'eau.

La durée du brevet de propriété de l'engrais Jauffret étant expirée, ce procédé rentre dans le domaine public.

« Au bout d'un terrain que l'on dispose en pente, et
» qu'on aura soin de battre, on fait un trou plus ou
» moins grand destiné à recevoir l'écoulement des
» sucs, et à la fabrication de la lessive ; on le garnit
» de cendres, d'argile, de chaux éteinte sur place,
» pour que le liquide ne se perde pas. On introduit
» de l'eau dans ce trou ; on y jette toutes les ordures
» de la maison, excréments humains, urines du ma-
» tin, etc., de la chaux, cendres, même lessivées,
» suie, plâtre, eaux de lessives, crottins et fientes de
» bestiaux, poules, pigeons, etc., ou celles de ces ma-
» tières qui sont le plus à la portée du cultivateur, en
» en mettant une plus grande quantité pour rempla-
» cer celles qui manquent. On n'observe aucune pro-
» portion, on agit à vue d'œil, le plus ne pouvant

» nuire ; on y jette ensuite de la terre ; on remue ce
» liquide qui doit être épais ; puis on trempe dans
» cette lessive les pailles, feuilles, ajoncs, genêts,
» bruyères, etc., coupés de 16 à 20 centimètres de
» long, après avoir fait piétiner les bestiaux par-des-
» sus pour les fouler et les assouplir. On les met en
» tas sur le plateau en pente, après avoir mis de 16
» à 33 centimètres de fumier sur le carré de l'empla-
» cement. On arrose avec la lessive (toujours bien
» remuée) à l'aide de pelles creuses ; on continue ainsi
» jusqu'à 2 mètres ou 2 mètres 33 cent., sans oublier
» de fortement arroser à chaque tiers de mètre d'é-
» lévation, et de monter la meule en forme de carré
» long bien droit ; on tasse les bords, on jette et on
» étend à la surface de la meule les parties boueuses
» de la lessive, et on couvre le tout de 16 centimètres
» de terre. Trois ou quatre jours après, la chaleur
» s'étant déclarée, on fait, par-dessus, des trous de
» 16 en 16 centimètres, avec une barre de fer pointue,
» puis on fait un grand arrosement, toujours avec la
» lessive ; on arrose encore deux fois à des intervalles
» de quatre en quatre jours, après avoir renouvelé
» des trous profonds sur la meule avec la barre de fer,
» et le quinzième jour le fumier est prêt à être enfoui.
» Notez que pour les bruyères et corps ligneux, on met
» vingt-cinq jours et on arrose une fois de plus. On
» arrose deux fois de plus si on avait mis une bête
» morte dans le milieu de la meule en construisant
» celle-ci, et on ajoute de la chaux vive dans la les-
» sive avant les arrosements. Il serait très utile vers
» le dixième jour, avant le troisième arrosement, de
» renverser la meule et de la reconstruire en ayant soin
» de mettre les bords au milieu.

AVIS IMPORTANT.

» 1° Plus les arrosements prescrits sont abondants,
» plus l'opération est assurée ; 2° plus on mettra de
» fumier vieux, plus on économisera les ingrédients
» de la lessive ; 3° il faut qu'un homme en sabots
» marche et pèse sur les bords de la meule en la con-
» struisant, sans s'occuper du milieu, qui se tasse fa-
» cilement ; 4° le point capital pour assurer l'écono-
» mie, c'est de faire corrompre, au moins un mois
» d'avance, de grandes quantités d'eau au moyen de
» plantes vertes, orties, etc., chaux, ordures, qu'on
» jette dans cette eau stagnante, trou, mare ou bassin
» retenant l'eau ; 5° il est essentiel d'employer les vé-
» gétaux les plus verts possible, soit pour les convertir
» en fumier, soit pour faire corrompre les eaux ; 6° si
» l'on n'a ni paille, ni végétaux verts ou secs, ou si
» l'on veut faire de l'engrais-terre pour prés, vignes,
» blés, on opère comme les maçons quand ils font du
» mortier ; on jette de la lessive très riche au milieu
» d'un tas de terre disposée en rond, et, soit à bras
» armés d'un croc emmanché, soit en faisant piétiner
» un cheval autour d'un pieu, on mélange parfaite-
» ment la terre et la lessive, on met en tas, et au bout
» de quelques jours on peut employer ce terreau en le
» semant comme du grain. Si l'on n'a pas d'eau, on
» opère le lendemain d'une pluie, la terre étant alors
» assez mouillée pour que le mélange ait lieu avec les
» éléments de la lessive. »

Il a paru utile de transcrire ici la formule de Jauffret lui-même. En s'y conformant exactement, on est
certain d'obtenir un engrais d'autant meilleur qu'on
aura opéré avec une lessive plus riche. Cet engrais
offre l'avantage de pouvoir être composé et gradué
d'après la nature du terrain à fumer, et celle des

plantes qu'on veut cultiver, ce qui est très essentiel (1). Une addition de 10 kilos de sulfate de fer ou couperose verte, et si le prix le permettait, d'une égale quantité de sel ordinaire, par 20 hectolitres de lessive, améliore considérablement celle-ci, et donne plus de durée à l'engrais. On peut aussi employer très utilement cette dissolution pour arroser les fumiers ordinaires.

On s'est étendu assez longuement sur ce chapitre, à cause de son extrême importance, et de la trop grande négligence que beaucoup de cultivateurs mettent à recueillir les éléments d'engrais dont ils laissent trop souvent perdre les plus précieux, qui sont les excréments humains. L'agriculteur soigneux donnera une attention toute spéciale à cet objet, et en même temps que les mesures qu'il prendra à cet égard augmenteront ses ressources de production, elles auront encore l'avantage d'assainir les habitations, qui seront affranchies des exhalaisons malsaines et de l'aspect repoussant des immondices qu'on voit souvent autour des lieux habités. Il doit toujours avoir présente à l'esprit cette vérité, qu'il n'a jamais assez d'engrais ; qu'il ne doit jamais en laisser perdre la moindre parcelle ; qu'il ne doit négliger aucun moyen de s'en procurer de nouveaux, quand il peut le faire économiquement et qu'il est sûr de leur qualité ; bien disposer et préparer ceux qu'il a déjà, ayant toujours pour but de ses soins à ce sujet la pratique de cet excellent conseil, donné par d'autres, et par lequel nous croyons devoir terminer cette partie si essentielle de l'objet que nous traitons :

Doublez votre fumier, vous doublez votre champ.

(1) Nous recommandons avec beaucoup d'instance l'emploi de cette méthode pour l'avoir expérimentée avec succès.

(Note de l'Auteur.)

TROISIÈME PARTIE.

—

SCIENCE DES TRAVAUX AGRICOLES.

—

CHAPITRE I. — DES TRAVAUX AGRICOLES AYANT POUR BUT DE DISPOSER LE SOL A LA CULTURE.

§ 1. D. Quelles sont les principales conditions nécessaires pour que le sol puisse être utilement employé à la culture ?

R. Les principales conditions nécessaires pour que le sol puisse être utilement employé à la culture, consistent dans son ameublissement et son assainissement préalables.

On obtient l'ameublissement et l'assainissement des terrains par les défrichements, l'écobuage, le drainage, quelques autres travaux de dessèchement analogues, et par les labours.

Défricher et défoncer un terrain, c'est le débarrasser de tous les obstacles quelconques que sa couche arable peut opposer à l'action des instruments de culture et aux plantes qu'on se propose d'y cultiver, selon sa nature.

§ 2. D. Comment doit-on s'y prendre pour défricher et défoncer les terrains incultes ?

R. Le défrichement et le défoncement des terrains incultes se fait de deux manières ; à bras d'hommes, ou à l'aide d'instruments d'agriculture mus par des animaux. Le défrichement à la main est le plus coûteux, mais il est aussi le plus parfait ; le terrain est fouillé plus exactement ; les racines, les pierres et tout ce qui peut gêner plus tard les labours et la croissance des plantes, est enlevé avec plus de soin, et le mélange de toutes les parties terreuses composant la couche arable, est plus intime. Mais si l'on a à opérer sur des étendues un peu considérables, il est beaucoup plus économique d'employer la force des animaux appliquée aux instruments agricoles, lorsque, d'ailleurs, de trop forts obstacles résultant soit de la configuration du sol, soit de la présence de grosses pierres, de racines, ou même de bancs de roc, ne s'opposent pas à leur action.

§ 3. D. Quels sont les instruments les plus utiles pour défricher ou défoncer les terres incultes ?

R. Il existe une foule d'instruments pour défricher ou défoncer les terrains incultes. Il est inutile de parler ici de ceux qui servent pour les défrichements à la main. Tout le monde connaît la bêche, la pioche, le pic, le hoyau, la houe, et leur usage. Lorsqu'une terre est reconnue bonne à être mise en culture, lorsque le terrain est disposé de façon à pouvoir être attaqué directement par les charrues, toutes les charrues sont bonnes pour le défricher, pourvu qu'elles soient assez puissantes par elles-mêmes et par la force de l'attelage.

§ 4. D. Qu'est-ce que le drainage ?

R. Le *drainage* est l'opération par laquelle on donne une issue aux eaux qui séjournent dans la couche arable ou dans le sous-sol, au moyen de tuyaux appelés *drains*, placés dans des tranchées pratiquées dans le sens de la pente des terrains et à une profondeur suffisante pour qu'ils ne puissent être dérangés par la marche des charrues.

§ 5. D. Comment doit-on s'y prendre pour drainer un terrain ?

R. Pour drainer un terrain, on creuse des tranchées

d'un mètre environ de profondeur dans la direction de la plus grande pente du terrain. La profondeur de la tranchée doit être d'autant plus grande, que les tranchées sont plus éloignées l'une de l'autre. En général, on observe à cet égard les proportions suivantes :

Pour une distance de huit mètres, entre les tranchées, la profondeur devrait être de 1 mètre.

Pour 10 mètres, de 1 mètre 10 centimètres.

Pour 12 mètres, de 1 mètre 20 cent.

Pour 14 mètres, de 1 mètre 30 cent.

Pour 16 mètres, de 1 mètre 40 cent.

Pour 20 mètres, de 1 mètre 50 cent.

On donne aux tuyaux la plus grande pente possible, pour que l'eau s'écoule plus facilement, et qu'il y ait moins d'engorgement. Il est bon qu'elle ait au moins 3 millimètres par mètre, et qu'elle soit régulière. La longueur et la grosseur des tuyaux doivent être proportionnées à la profondeur et à la distance des tranchées. Le fond des tranchées doit être uni, et les tuyaux doivent être placés sur un terrain solide. On comble ensuite et on nivelle ces tranchées.

§ 6. D. Quel est le prix de revient du drainage ?

R. Il est très difficile de déterminer à l'avance le prix de revient du drainage. Les frais de cette opération varient considérablement selon les difficultés que présentent le terrain, le prix de la main d'œuvre et la distance des tranchées. On peut, en moyenne, évaluer la dépense d'un drainage convenable de 180 à 350 francs par hectare. Le drainage constitue un excellent moyen d'assainissement pour les terres argileuses dont le sous-sol est imperméable, et en général pour toutes les terres marécageuses. On utilise les eaux recueillies par les tuyaux de drainage, pour l'irrigation des prairies situées au-dessous des terres drainées.

§ 7. D. Quels sont les autres moyens d'assainir les terrains marécageux, et ceux dont le sous-sol est imperméable?

R. Il y a plusieurs autres moyens d'assainir les terrains marécageux, et ceux dont le sous-sol est imperméable. Les principaux sont de diriger les eaux stagnantes vers un cours d'eau voisin, quand le terrain offre une pente suffisante, au moyen de sillons profonds d'écoulement, s'il s'agit de terres labourables, et de rigoles, s'il s'agit de prairies. Si ce moyen est insuffisant, on pratique des tranchées dans les mêmes conditions que pour le drainage, et au lieu de tuyaux, on emploie avec avantage les pierres qui se trouvent sur le terrain même, et qu'on débarrasse ainsi. On forme avec elles, au fond de la tranchée, une voûte aussi haute que le permet sa profondeur, et l'on recouvre d'assez de terre pour que la charrue ne puisse déranger ce travail. Quand les tuyaux de drainage et les pierres manquent, on emploie de forts branchages qu'on place de manière à former un vide au fond de la tranchée, et on recouvre d'une épaisseur de terre suffisante. Lorsque le terrain n'offre aucune pente, il n'y a d'autres moyens d'assainissement que de pratiquer des tranchées ouvertes, assez profondes et assez rapprochées, et de cultiver les intervalles; ou bien lorsqu'on a reconnu par des fouilles qu'au-dessous du sous-sol se trouve une couche perméable, on fait de distance en distance des puisards qu'on remplit de grosses pierres, et vers lesquels on dirige les eaux par des tranchées ou des rigoles.

§ 8. D. Quels sont les avantages du drainage et des systèmes d'assainissement analogues?

R. Les avantages du drainage et des systèmes d'assainissement analogues sont : de remplacer les mauvaises plantes par les bonnes ; de faciliter les labours, d'en diminuer le nombre et de permettre de les appliquer plus à propos. Après le drainage, la terre ne craint plus autant la sécheresse ; elle est plus meuble, se mêle aux engrais qui profitent, par conséquent, bien davantage aux plantes ; les produits sont plus abondants, arrivent plus vite à leur maturité, et contiennent plus de substances nutritives.

§ 9. D. Quelles sont les considérations qui doivent déterminer l'agriculteur à entreprendre, ou non, des travaux de défrichement et d'assainissement?

R. Avant de se déterminer à défricher ou à assainir un terrain, l'agriculteur prudent calculera bien les dépenses probables de l'opération, en les portant même toujours un peu au-dessus de ce qu'il suppose qu'elle devra lui coûter ; il calculera d'autre part le minimum de produit qui pourra en résulter, et si, d'après ces considérations, faites avec toute l'exactitude possible, en s'aidant de ses connaissances pratiques et de celles d'hommes compétents, il trouve qu'il y ait avantage à l'entreprendre, il pourra agir résolûment. Mais il ne doit jamais le faire à la légère, et sans se rendre compte des circonstances favorables ou défavorables de l'opération. C'est ainsi qu'il n'éprouvera pas de pertes, et qu'il pourra souvent améliorer de mauvais terrains et en mettre quelquefois en rapport de tout-à-fait incultes.

CHAPITRE II. — DES LABOURS EN GÉNÉRAL.

§ 1. D. Qu'entend-on par les labours en général?

R. Par les labours en général, on entend tous les travaux ayant pour but l'ameublissement d'un terrain défriché, soit pour le disposer à recevoir convenablement les semences, soit pour favoriser la croissance des plantes. On appelle plus particulièrement *labours*, les travaux de la première espèce, et *façons d'entretiens*, ceux de la seconde, soit que ces divers travaux soient exécutés à bras d'hommes, ou au moyen d'instruments mus par les animaux.

§ 2. D. Quels sont les meilleurs labours, sous le rapport de leur exécution?

R. Les meilleurs labours sont ceux qui, sur les terrains convenablement défoncés, ameublissent et mêlent le mieux les différentes parties de la couche arable ; ceux qui soulèvent à la surface la terre du fond de la raie ou de la jauge, en y rejetant les parties superficielles. C'est ce déplacement successif des différentes parties de la couche labourable, qui fait la supériorité des labours à la main, lorsqu'on les pratique avec intelligence, et après eux, celle des labours exécutés par les charrues à versoir.

§ 3. D. Quels sont les principaux effets des bons labours?

R. Les principaux effets des labours faits convenablement, consistent : dans la destruction des mauvaises herbes, dans l'ameublissement de la couche végétale, qui donne ainsi aux plus faibles racines des plantes le moyen de s'étendre et de recevoir les sucs nutritifs répandus autour d'elles ; dans le mélange des engrais avec toute l'épaisseur de la couche végétale, où ils peuvent se décomposer dans les conditions les plus favorables à la végétation des plantes ; dans la disposition où ils mettent les terrains de recevoir avec plus de régularité les influences fécondes de la chaleur et de l'humidité.

§ 4. D. A l'aide de quels instruments se font ordinairement les premiers labours ?

R. Les premiers labours se font, d'ordinaire, soit à la main, à l'aide d'instruments destinés à cet usage et que tout le monde connaît, tels que la bêche, la pelle,

la pioche, la houe, le hoyau, etc., soit à la charrue.
Les bornes de ce petit traité ne permettent pas d'entrer
dans le détail de toutes les charrues. Quoique dans les
circonstances les plus générales la charrue à versoir,
dite à la Dombasle, ou celles qui sont exécutées sur ce
modèle, soient préférables à toutes les autres pour
la bonne exécution d'un labour, il ne s'ensuit pas
qu'il faille proscrire l'araire du pays. Elle peut rendre et elle rend de très bons services soit pour les
labours superficiels, lorsque le sol, ayant peu d'épaisseur, serait pour longtemps frappé de stérilité par un
labour très profond ; soit lorsqu'il ne s'agit que d'a-
meublir la partie supérieure du terrain ; elle est aussi
fort utile pour couvrir la semence, lorsqu'on n'emploie pas pour cet objet l'extirpateur ou la herse. Dans
chaque pays, on met la charrue en usage au-dessus de
celles qu'on emploie ailleurs ; c'est une faute. Une
charrue n'est pas bonne parce qu'on l'emploie dans
le pays où l'on est ; elle est bonne parce qu'elle remplit convenablement le but qu'on doit se proposer. Il
n'y a rien d'absolu en agriculture, tout est relatif ;
la meilleure charrue sera donc celle qui, toutes circonstances égales d'ailleurs, aura le plus de puissance
avec le moindre tirage ; parce qu'avec son aide, l'a-
griculteur fera plus de travail, et de meilleur travail,
avec moins de dépense.

§ 5. D. Qu'est-ce que l'extirpateur, et quel est son usage ?

R. L'*extirpateur* est un instrument qui a un nombre
impair de socs ou pieds, fixés sur deux rangs, l'un derrière l'autre, et qui sert à ameublir le sol à une profondeur qui varie entre 5 et 15 centimètres.

L'extirpateur est un instrument utile dans toutes
les terres, excepté celles qui sont très argileuses :
mais il est surtout précieux dans les terres de consistance moyenne et dans les terres sablonneuses. Il

4

convient parfaitement pour couvrir les semences qui demandent à être enterrées un peu fortement. Dans ce cas, après avoir semé, on donne un trait d'extirpateur à 7 ou 8 centimètres de profondeur, ce qui détruit en même temps toutes les mauvaises herbes qui ont germé depuis le dernier labour, et ameublit convenablement la terre. Cette opération a encore l'avantage de ne pas ramener à la surface les herbes que le précédent labour aurait enfouies, et qui ne seraient pas encore décomposées. On emploie encore l'extirpateur avec beaucoup d'avantage après les premiers labours, lorsque la terre est assez ameublie ; on détruit par là toutes les mauvaises herbes à mesure qu'elles germent, et on tient la terre en bon état de culture.

Le travail de l'extirpateur est bien moins coûteux que celui de la charrue, qu'il ne peut pas remplacer pour le premier labour, mais qu'il supplée très avantageusement pour les autres, quand la terre est assez unie, ce qui a lieu ordinairement quand on a hersé après le premier labour. Ce fait est incontestable, puisque, dans les conditions où il peut être employé utilement, et qu'on vient d'indiquer, l'extirpateur fait le travail de quatre charrues. Ce mode d'opérer offre encore l'avantage important de conserver l'humidité à la terre pour les labours de printemps, et de ne pas enterrer trop profondément la surface du terrain que les gelées de l'hiver ont ameublie, et où les semences germent plus facilement.

§ 6. D. Qu'est-ce que la herse, et quel est son emploi ?

R. La *herse* est un instrument destiné à produire sur le sol le même effet que produirait un puissant râteau. Elle brise les mottes que la charrue a soulevées, surtout lorsqu'on alterne son emploi avec celui du rouleau ; elle détruit les mauvaises herbes et ramène

à la surface leurs racines à moitié desséchées, particulièrement celles du chiendent, qui repousseraient si
elles restaient dans la terre.

Si les dents de la herse sont assez nombreuses et
assez rapprochées, aucune motte de terre, aucune
racine d'herbe ne peut échapper à son action. On
donne un hersage léger en attelant du côté opposé à
l'obliquité des dents ; un hersage ordinaire en attelant
dans le sens de l'obliquité, est un hersage d'autant plus énergique, qu'on charge davantage la herse,
en la faisant fonctionner dans le même sens. Les dents
doivent être fixées de manière à ce que l'une des arê-
tes du carré qu'elles forment soit dirigée vers le point
du tirage.

Le conducteur de la herse doit de temps en temps
la soulever, pour que les herbes qu'elle traîne demeurent sur la surface du sol, où elles achèvent de
se dessécher. Il serait encore mieux de les réunir à
l'aide d'un râteau pour les brûler, après dessiccation
complète. L'usage de cet instrument est facile et très
utile ; il précède et accompagne les labours ordinaires avec avantage. Le hersage nivelle la surface du sol
labouré, le dispose à recevoir la semence avec régularité, et contribue très efficacement à l'ameublissement du terrain.

§ 7. D. Qu'est-ce que le rouleau, et quel est son usage ?

R. Le *rouleau* est un cylindre de fonte, de pierre
ou de bois, destiné à écraser les mottes de terre soulevées par les labours, et à consolider et tasser le
terrain. Il tourne autour d'un axe aux deux extrémités
duquel est fixé le point de tirage. Les meilleurs sont
les plus pesants ; il faut que leur longueur soit proportionnée à leur épaisseur. En général, un rouleau
de bois doit avoir de 35 à 40 centimètres de diamètre
en épaisseur, sur un mètre de longueur. Un diamètre

de 25 à 30 centimètres, sur la même longueur, peut suffire pour le rouleau en pierre ou en fonte. Il y en a de beaucoup plus puissants, construits en fonte et à côtes circulaires et tranchantes ; on les appelle rouleaux squelettes ; mais ils sont très coûteux et ne peuvent guère être employés avec avantage que dans la grande culture.

Le rouleau convient parfaitement sur les terres fortes, pour briser les mottes et ameublir le sol. Mais il est nécessaire d'opérer par un temps sec. Il faut que la terre ne s'attache pas au rouleau ; dans le cas contraire, on fait plus de mal que de bien. Un moyen d'ameublissement très puissant, c'est de faire suivre le rouleau par la herse ou l'extirpateur, mais avec la précaution d'opérer toujours par un beau temps et lorsque le labour qui précède le roulage est suffisamment ressuyé, pour que les mottes se brisent facilement sans s'enfoncer dans la terre. Labourer, herser, rouler, herser encore, voilà des moyens d'ameublir le sol plus efficaces et bien plus économiques que quatre ou cinq labours à la charrue.

Dans les sols légers, le roulage est rarement nécessaire pour briser les mottes ; un simple hersage suffit le plus souvent. Mais c'est une très bonne opération que de rouler sur les semences qui demandent à être enterrées très peu profondément. La germination est ainsi facilitée par la pression de la terre contre la graine, et l'humidité du sol s'en conserve beaucoup plus longtemps. On peut faire cette épreuve en comparant, après une sécheresse, les terres roulées avec celles qui ne l'ont pas été. Les premières conservent de l'humidité à une légère profondeur ; le matin on y voit de la rosée, tandis que les secondes sont desséchées profondément.

Par ces mêmes raisons, il ne faut pas employer le

rouleau après les semailles, sur les terres fortes ; l'action du rouleau qui serait avantageuse en cette circonstance sur les terres légères, serait ici très pernicieuse.

CHAPITRE III. — DES LABOURS EN PARTICULIER.

§ 1. D. Est-il indifférent de labourer en quelque état que se trouve la terre ?

R. L'état de la terre est très important à observer pour les conséquences des labours. Si la terre est trop humide, elle adhère au soc et au versoir quand elle est argileuse ; ou bien elle forme des bandes compactes qui deviennent, par un temps sec, dures comme de la pierre. Le piétinement des bêtes aggrave encore cet inconvénient. Si ces mêmes terrains sont trop secs, ils se divisent en grosses mottes très dures, que la herse et le rouleau ne peuvent briser, et qu'on est obligé de rompre à grands frais, à la main. Il est donc essentiel de choisir le moment où la terre est assez humide sans l'être trop.

§ 2. D. Est-il indifférent de labourer la terre quelque temps qu'il fasse ?

R. La terre étant au point convenable d'humidité, il faut labourer par un beau temps. La terre profite ainsi des influences du soleil, et peut être convenablement hersée, roulée, ou recevoir une seconde façon à l'extirpateur, quand le labour est ce qu'on appelle caillé, c'est-à-dire lorsqu'il s'est formé une nouvelle croûte à la surface. Un seul labour imprudent sur les terres fortes quand, l'été, il n'y a que la surface de la terre humectée par une faible pluie, et, l'hiver, quand le temps est trop froid et surtout lorsqu'il dégèle, et sur les terres légères lorsqu'elles sont tout-à-fait sèches, suffit pour gâter ou morfondre la terre, comme on dit, pour plusieurs années, ou du moins pour l'infester de mauvaises herbes. En général, il faut labourer les terres aussitôt que l'état du sol et de la température le permettent après la levée de la récolte, quelle qu'elle soit. Il est très avantageux de labourer profondément les terres fortes avant les gelées, pour les récoltes de printemps. La gelée ameublit la terre mieux que ne pourraient le faire plusieurs labours consécutifs. On labourera donc autant que possible lorsque la saison étant tempérée, et la terre en état convenable, on peut espérer le beau temps pour quelques jours.

§ 3. D. Quelle profondeur doivent avoir les labours?

R. Les labours ne doivent pas toujours avoir la même profondeur. Un labour profond convient dans un terrain riche et fort; il produit, au contraire, de mauvais effets sur les fonds maigres qui reposent sur le sable ou l'argile froide. Le labour doit donc être plus ou moins profond, selon la nature du terrain et celle du sous-sol. Les influences de l'air, du soleil, de la gelée, fécondent le sol en le pénétrant, et comme les terrains légers et sablonneux sont plus accessibles à ces influences, il en résulte qu'ils ont moins besoin d'un labour profond que les terres compactes, argileuses et froides qui sont presque fermées à l'action bienfaisante de ces mêmes influences. Ces principes posés, le premier labour devra être, toutes les fois que la consistance du sol le permettra, plus profond que les autres, afin que la terre ait plus de temps pour se bien mûrir. Les seconds labours devront être moins profonds, parce qu'ils entraîneraient au-dessous de la portée des racines les engrais ou amendements qu'on aurait répandus à la surface. C'est pour ces seconds labours que l'usage de l'extirpateur et les hersages sont surtout avantageux, et aussi pour recouvrir les blés, en ayant soin d'employer l'extirpateur sur les terres fortes et de consistance moyenne, et la herse sur les terres légères. On épargne ainsi beaucoup de temps, et les grains lèvent plus vite et plus régulièrement. Lorsque la terre est trop dure pour que le premier labour soit profond, on opère en sens inverse, c'est-à-dire que le premier labour est le plus superficiel, et à chaque nouveau labour on augmente la profondeur. De ces deux manières, la première est incontestablement celle qui doit être préférée toutes les fois que les circonstances le permettent.

§ 4. D. Dans quelle direction doit-on donner les labours?

R. Il n'est pas indifférent de prendre la terre dans un sens ou dans l'autre, pour les labours, excepté sur les terrains qui sont en plaine. Lorsque la pente n'est pas considérable, on dirige le labour dans le sens de la pente générale, afin de donner aux eaux un écoulement facile. Sur les terres qui ont une pente un peu forte, on prend le terrain soit horizontalement, soit obliquement par rapport à l'inclinaison du terrain. Cette façon d'opérer a l'avantage de diminuer le travail de l'attelage. Les labours horizontaux, sur les terrains qui ont une forte pente, ont le grave inconvénient d'appauvrir considérablement la profondeur de la couche végétale, vers le haut de la pièce. On y supplée par des transports de terre qu'on fait de bas en haut, ou par des défoncements, quand le sous-sol est de bonne nature. Mais en se faisant une règle de transporter avant les semailles, seulement 15 centimètres d'épaisseur de tout le long du bas du champ, et dans une largeur de 2 mètres, sur un pareil espace au haut de la pièce, on peut être certain de maintenir à la couche arable une profondeur suffisante, et de donner un très bon amendement au terrain.

§ 5. D. Qu'est-ce que la jachère, et quelle est son utilité?

R. On entend par *jachère*, l'état d'une terre qu'on ameublit et qu'on tient nette de mauvaises herbes pendant toute une saison, au moyen de labours et autres façons. En général, la jachère a un double but : celui de faire reposer la terre, et de la débarrasser des mauvaises herbes. On ne peut admettre, comme but de la jachère, la ressource qui peut résulter pour l'entretien des bêtes à laine, des herbes qui croissent sur la terre en guéret, car la terre se fatigue autant de produire ces herbes, que si elle produisait d'autres cultures destinées au même usage. L'avantage de la jachère est donc relatif. Si la terre est très fatiguée, si elle est infestée de mauvaises herbes, une jachère ou une demi-jachère sera très utile, pourvu que les labours soient assez multipliés pour ne point permettre aux mauvaises herbes de reparaître. Elle ameublira convenablement le sol, pour le disposer à profiter des engrais qu'on lui applique sur la fin. Mais en général, il y a avantage lorsque toutefois on peut disposer d'engrais assez abondants, à remplacer la jachère par une culture de plantes sarclées, sur un labour profond et largement fumé. Il faut, en ce cas, donner au terrain autant de façons d'entretien qu'il sera utile pour que les mauvaises herbes soient détruites et le sol convenablement ameubli.

§ 6. D. Quelles sont les diverses sortes de labours?

R. Il y a trois sortes de labours : le labour à plat, le labour à planches, et le labour à billons.

On laboure à plat avec la charrue à double oreille qui, en allant et revenant, remplit successivement chaque raie. A la fin du labour, la pièce présente une surface unie sans autres divisions que celles qui sont formées par les sillons d'écoulement.

On appelle labour à planches le labour à plat, divisé

régulièrement en espaces égaux, séparés par des sillons. Le labour à planches peut aussi se faire avec la charrue à un seul versoir, en divisant régulièrement le terrain à mesure qu'on le laboure.

On appelle labourer à billons, l'action de déverser la tranche avec la charrue à un seul versoir, tantôt de l'un, et tantôt de l'autre côté de la première raie qu'on ouvre. Il résulte de ce travail une élévation et une dépression alternatives du terrain labouré ; c'est ce qui constitue un billon. On doit donner à ces billons une largeur proportionnée à la nature du terrain ; plus il est fort et humide, plus les billons doivent être nombreux.

§7. D. Quels sont les avantages et les inconvénients de ces divers modes de labours ?

R. Dans les terrains de consistance moyenne et dans les terrains légers, dont le sous-sol est bien perméable, on peut employer avec avantage le labourage à plat, qui utilise tout le terrain. Le labour à planches offre, à peu de chose près, le même avantage. Mais sur les terres fortes, argileuses, et sur les terrains de consistance moyenne ou légers, qui reposent sur un sous-sol imperméable, le labour à billons est bien préférable. Il fournit aux plantes une couche de terre végétale plus épaisse, ce qui permet la culture des plantes sarclées dans des terrains peu profonds ; au sommet du billon, l'humidité n'est jamais trop grande, sans qu'il y ait pour cela danger, en cas de sécheresse, la terre meuble du dessous conservant et communiquant pendant longtemps sa fraîcheur aux racines ; les cultures ont plus d'air ; dans les temps de pluie, l'eau est plus promptement écoulée ; les blés versent moins ; le sarclage y est plus facile.

Les principaux inconvénients du labour à billons sont : d'enfouir inutilement une partie de la meilleure terre dans le milieu du billon; d'exposer les parties inférieures à une trop grande humidité, lorsque la pente n'est pas assez considérable pour donner un libre écoulement aux eaux pluviales; de rendre les labours et les hersages qui doivent suivre la récolte plus difficiles; de ne pas utiliser tout le terrain.

Ces avantages et ces inconvénients bien reconnus, on verra qu'il est presque toujours préférable d'employer le labour à plat ou à planches, qui n'a aucun des inconvénients des labours à billons, et auquel on peut donner tous les avantages réels de celui-ci, en y traçant un assez grand nombre de sillons d'écoulement dans le sens de la pente du terrain, et assez profonds pour égoutter parfaitement le sol.

CHAPITRE IV. — DES ENSEMENCEMENTS.

§ 1. D. Quels soins demandent les ensemencements?

R. Les soins que demandent les ensemencements consistent dans le choix des semences, et dans un mode de sémination et de recouvrement du grain qui en favorise la germination.

§ 2. D. Comment doit-on choisir les semences?

R. Ce n'est pas au moment de jeter la semence en terre, qu'il faut se la procurer. C'est à l'époque de la récolte précédente. On sait alors quelles sont les variétés les plus productives par rapport à chaque terrain. Toute semence provenant d'une plante qui n'est pas vigoureuse, doit être rejetée. Comme ces vieux étalons qui n'engendrent que des produits débiles, elle ne donnerait naissance qu'à des plantes faibles et chétives. Si vous avez une récolte sur un terrain sec et substantiel, bien exposé au soleil, dont les graines soient parfaitement développées et bien nourries, quoique le terrain n'ait pas été fumé fortement, c'est là que vous devez prendre votre semence. Laissez-la mûrir complètement, mettez-la à part, et vous aurez une semence de bonne qualité. Si vous n'avez pas de récolte semblable, procurez-vous de la semence qui ait été choisie dans les mêmes conditions, et semez-la avec confiance. L'expérience prouve que la même qualité de semence, cultivée toujours sur les mêmes terres, ne tarde pas à dégénérer. Il est donc important de varier les semences en observant de la prendre toujours dans de bonnes conditions, et autant que possible sur un terrain inférieur en qualité à celui sur lequel elle doit être répandue. Cette remarque s'applique surtout aux blés. Ce changement de semence est surtout avantageux, en ce qu'il favorise la destruction des mauvaises herbes; parce que chaque espèce de sol a ses mauvaises herbes qui lui sont propres, et les graines qui se trouvent mêlées dans le blé prospèrent moins dans un sol différent. Une cause qui peut donner au changement de semence plus d'importance qu'il n'en mérite réellement, c'est que lorsqu'un agriculteur choisit sa semence ailleurs que chez lui, il prend ce qu'il peut trouver de meilleur; tandis que lorsqu'il se sert de celle qu'il a récoltée, il l'emploie souvent telle qu'il l'a, sans avoir pris d'avance aucune précaution pour choisir tout ce qu'il peut avoir de mieux.

§ 3. D. A quelles époques doivent se faire les semailles?

R. L'époque où doivent se faire les semailles varie beaucoup suivant le climat, l'exposition, la préparation que le terrain a reçue, le temps où l'on sème et celui où l'on se propose de faire la récolte. En général, il faut, autant que l'on peut, semer par un temps sec et serein; avoir d'ailleurs plus égard à l'état de la terre, de la température et au temps opportun, qu'à l'époque de l'année où l'on se trouve. Plus le climat sera froid et la terre sujette au déchaussement, plus il faudra avancer les semailles d'automne, afin que les blés aient le temps de taller vigoureusement avant les premières gelées. L'époque des semailles d'automne varie ordinairement, d'après toutes ces considérations, entre le milieu de septembre et la fin de novembre.

L'époque des semailles de printemps est plus difficile à déterminer. Il faut saisir avec empressement la semaine, le jour favorable, et avoir tout prêt pour ne pas laisser perdre l'occasion.

Pour les semailles d'automne, les terres fortes doivent toujours être ensemencées avant les terres légères, qui n'ont pas autant à souffrir d'être ensemencées avec la terre humide. Les terres les plus éloignées doivent être ensemencées les premières, afin de pouvoir mieux profiter du temps favorable pour les plus rapprochées, et n'avoir pas tant à en perdre pour les déplacements.

Pour les semailles de printemps, au contraire, il faut ensemencer les terres légères et les terres les plus rapprochées les premières, parce que les terres légères sont les premières qui sont bien ressuyées, et qu'on perdrait beaucoup de temps en allées et venues, si l'on commençait par les plus éloignées. L'agriculteur intelligent connaît la nature de son terrain, et distribue en conséquence ses travaux, de manière à exécuter la semaille de chaque pièce dans le temps le plus opportun.

§ 4. D. A quelle profondeur convient-il d'enterrer les semences?

R. Comme il existe une grande variété de récoltes, il y a aussi une grande différence dans la profondeur à laquelle il convient d'enterrer les différentes semences. Cette profondeur variera donc selon la nature du terrain, l'époque de la semaille et la grosseur de la semence. En terre forte, il faut moins enterrer la semence qu'en terre légère ; en terre sujette au déchaussement, c'est-à-dire qui se soulève par la gelée, il faut l'enterrer plus profondément encore. En général, plus la graine est grosse, plus elle veut être enterrée profondément.

Quoique on ne puisse donner à cet égard de règles bien précises, en raison des diverses circonstances qui doivent les modifier, nous allons indiquer la profondeur à laquelle, en général, il convient d'enterrer la semence des diverses récoltes. On suppose qu'il s'agit d'un terrain de consistance moyenne.

La fève demande à être recouverte de 8 à 12 centimètres de terre.

L'orge et l'avoine, de 6 à 9 centimètres.

Le froment, le seigle, les pois, les vesces, les lentilles, les betteraves, de 3 à 6 centimètres.

Le colza, le maïs, les haricots, le sarrasin, de 5 centimètres.

Le chanvre, le lin, le rutabaga, de 2 centimètres, ainsi que les navets et les carottes.

Les semences de prairies artificielles, de pavot, de chicorée, veulent être recouvertes à peine.

§ 5. D. Quelle est la quantité de semence qu'il convient d'employer pour chaque espèce ?

R. Il s'en faut de beaucoup que toutes les graines mises en terre germent : les unes sont enterrées trop profondément, les autres trop superficiellement ; si elles levaient et réussissaient toutes, il faudrait une quantité de semence bien moindre que celle qu'on emploie ordinairement pour chaque espèce. En traitant de chaque culture particulière, on dira la quantité de semence qu'il faut employer. On doit faire cependant cette remarque générale, que la quantité de semence doit être moindre dans un sol riche, et plus forte dans les terrains pauvres ; et que les semailles de printemps veulent être plus drues que celles d'automne ; que celles d'automne veulent être d'autant plus épaisses qu'elles sont plus tardives. La raison en est qu'à l'automne le blé a le temps de taller d'autant plus vigoureusement que les semailles auront été plus précoces ; tandis qu'au printemps, chaque grain ne forme ordinairement qu'une seule tige. Cette quantité varie encore selon le mode de sémination adopté.

§ 6. D. Quelles sont les différentes manières de semer ?

R. Il y a trois principales manières de semer, savoir : au plantoir, au semoir, à la volée ou à la main.

§ 7. D. Comment sème-t on au plantoir ?

R. L'ensemencement au plantoir n'est guère usité que pour la culture des jardins ; il consiste à pratiquer des trous à l'aide du plantoir ; on y met un peu de terreau, on y place une ou plusieurs graines selon les espèces, et on recouvre de terreau.

§ 8. D. Comment pratique-t-on l'ensemencement au semoir ?

R. Le semoir est une machine destinée à répandre régulièrement la semence sur le terrain. Il y en a de plusieurs sortes, suivant les diverses semences. Les uns se meuvent à bras, les autres sont conduits par des animaux ; certains tracent la raie dans laquelle ils déposent la graine ; tous ont pour principe de laisser échapper la graine à intervalles égaux, selon le mouvement de rotation plus ou moins rapide du cylindre qui les contient.

Les avantages de cet ensemencement sont : de distribuer la semence d'une manière uniforme ; de la placer à une profondeur régulière ; d'économiser une partie de la semence et de faciliter les sarclages.

§ 9. D. Comment se font les ensemencements à la volée ?

R. On fait les ensemencements à la volée de deux manières : sur raies ou sous raies. Par le premier mode, la terre étant convenablement préparée, on répand à la main la semence sur le labour, et on la recouvre avec un trait de herse ou d'extirpateur.

Par la seconde méthode, on sème sur un labour exécuté aussi correctement que possible, et on recouvre par un autre. Cette manière peut être avantageusement employée dans les pays froids et sur les terres légères, parce que, dans ces conditions, le grain, enterré plus profondément, souffre moins des fâcheux effets du déchaussement, et que la plante trouve un abri dans les petites inégalités du labour. Mais dans les autres conditions, l'ensemencement sur raies est préférable. Il est beaucoup plus expéditif, puisque la herse et l'extirpateur font cinq ou six fois autant de besogne que la charrue, et il place toutes les graines à la même profondeur, pourvu que la surface du labour ait été bien unie par un hersage soigné. La partie délicate de l'opération, dans l'un comme dans l'autre cas, consiste dans la répartition régulière de la semence. Ce talent, résultat d'une grande habitude, est assez rare à rencontrer ; quelques semeurs y deviennent très habiles. On ne peut donner des règles suffisantes pour mettre au fait ceux qui n'y sont pas familiarisés par la pratique. Chaque semeur a son procédé particulier pour prendre le jet et le disperser plus ou moins haut, plus ou moins lent, en faisant accorder le mouvement régulier du bras avec celui non moins régulier de la marche. Une précaution très utile à prendre, c'est de ne jeter en terre que la quantité de grain qu'on peut recouvrir en un jour. Lorsqu'on la néglige, on s'expose à perdre la partie de semence qu'on n'aura pu enterrer, lorsque le temps, changeant pendant la nuit, se maintient plusieurs jours à la pluie ou à la gelée.

§ 10. D. Comment se font les plantations et les repiquages des plantes cultivées dans les champs?

R. Les plantations et les repiquages des plantes cultivées dans les champs exigent une terre profonde et meuble, afin que les racines puissent librement s'étendre dans toutes les directions. Le fumier étant enfoui à une profondeur suffisante, on donne un hersage pour briser les mottes que le labour aurait soulevées, et pour briser la superficie. On trace ensuite des lignes parallèles, mais peu profondes, soit à la main, soit à la charrue, et l'on plante les tubercules, ou l'on repique les plantes, quand la terre est encore humide. La plantation à la charrue convient aux tubercules tels que les pommes de terre, les topinambours. Le repiquage au plantoir convient mieux aux plantes telles que le colza, les choux, les betteraves.

CHAPITRE V. — DES FAÇONS D'ENTRETIEN.

§ 1. D. Qu'entend-on par façons d'entretien?

R. On entend par façons d'entretien les travaux par lesquels l'agriculteur s'efforce d'assurer le succès de chaque culture, depuis la semaille ou la plantation, jusqu'à la récolte ; elles ont aussi pour objet d'ameublir le sol, et de le nettoyer de toutes les mauvaises herbes. Les principales sont : le hersage, le binage, le sarclage et le buttage.

§ 2. D. Quelle est la première façon d'entretien à donner après les semailles?

R. La première façon d'entretien à donner immédiatement après les semailles, c'est de tracer des sillons d'écoulement. L'influence d'une humidité prolongée est très nuisible aux semailles d'automne. Il est donc très important de procurer à l'eau un écoulement facile. On obtient ce résultat au moyen de sillons faits à la charrue, dans le sens de la pente du terrain, en la ménageant cependant par une direction oblique, lorsque cette pente est assez considérable, afin que la force du courant n'entraîne pas la terre. On rapproche ou on éloigne l'un de l'autre ces sillons d'écoulement, selon que le terrain est plus ou moins argileux et humide ; mais on les trace toujours en nombre suffisant, pour obtenir un assainissement complet. On doit les visiter souvent, afin d'enlever à la pelle tout ce qui pourrait les engorger.

§ 3. D. Quel est l'effet du hersage des récoltes?

R. Le hersage est une opération très utile à la plupart des plantes, lorsqu'il est exécuté à propos. Cette façon demande beaucoup de précautions. Exécuté sur une terre humide, le hersage déracine trop de plantes, et dispose la terre à former croûte et à se dessécher ; lorsqu'il est exécuté sur une terre trop sèche, la herse pénètre par saccades dans la terre, et la soulève par plaques avec les plantes elles-mêmes. Le hersage des plantes doit donc être fait lorsque la terre se réduit en poussière sous une faible pression, et n'est ni trop sèche ni trop humide. Son principal avantage est de faire taller les plantes.

Il ne faut pas s'inquiéter de l'apparence de dévastation que présente le hersage des plantes, surtout celui des plantes sarclées, pourvu que l'opération soit faite à propos, et avec un instrument dont les dents ne soient pas trop inclinées en avant. C'est pourquoi l'on dit proverbialement que *l'agriculteur qui herse des navets ne doit pas regarder derrière lui*. La force de végétation qu'acquièrent les plantes, rechaussées par ce travail, a bientôt réparé le dommage apparent.

Le hersage est aussi très profitable aux prairies naturelles et artificielles ; il détruit la mousse, rechausse le gazon ou la plante fourragère, et ouvre le sol aux influences de l'air et à celle des engrais qu'on répand ordinairement après l'opération.

§ 4. D. Qu'est-ce que le binage et le sarclage ?

R. Le binage et le sarclage sont deux façons d'entretien bien distinctes, quoiqu'elles soient faites à l'aide des mêmes instruments. Le binage a pour effet d'entretenir la terre dans un état permanent d'ameublissement, afin que les plantes puissent mieux profiter des influences de l'air et de l'humidité ; le sarclage a pour but de tenir le terrain toujours net de mauvaises herbes. On doit sarcler toutes les fois que, l'état de la terre et du temps le permettant d'ailleurs, les mauvaises herbes commencent à paraître ; on devrait biner toutes les fois que, dans les mêmes conditions, la superficie du terrain fait croûte.

C'est une grande erreur de croire que le binage ait pour effet le dessèchement de la terre. Lorsque le sol est tenu dans un parfait état d'ameublissement, il s'empare de l'humidité de l'air, il s'imprègne de la rosée, il absorbe la pluie comme une éponge, au grand avantage de la végétation. Au contraire, si le terrain, quoique bien net de mauvaises herbes, n'est pas ameubli autour des plantes, si la terre fait croûte, les petites pluies coulent sur la suface sans descendre jusqu'aux racines ; la rosée pouvant encore moins y pénétrer, les plantes languissent bien plus vite en temps de sécheresse. C'est pourquoi l'agriculteur soigneux comprend que *biner c'est arroser*.

§ 5. D. A l'aide de quels instruments se font le binage et le sarclage?

R. On bine ou on sarcle à la main, avec la houe, la binette ou les autres instruments analogues, que tout le monde connaît. Ce mode de binage ou de sarclage convient pour les plantes semées très drues comme les blés. Pour les plantes sarclées qui sont plus espacées, on emploie beaucoup plus économiquement la houe à cheval. C'est un instrument agricole des plus utiles. Il fait le travail de vingt ouvriers au moins. Il agit au moyen d'un soc triangulaire bien tranchant et d'un certain nombre de lames qui peuvent s'écarter ou se rapprocher à volonté, selon l'espacement des lignes entre lesquelles il fonctionne. Il est mu par un seul animal, et la disposition des lames ne permet pas qu'une seule mauvaise plante soit épargnée sur son passage.

§ 6. D. Quelles précautions faut-il prendre dans l'emploi de la houe à cheval?

R. Pour obtenir de la houe à cheval tout son effet, il ne faut pas laisser la terre se durcir, il faut que le temps soit sec, et que les mauvaises herbes ne soient pas avancées dans leur végétation. La houe à cheval ne peut détruire les mauvaises herbes qui croissent entre les plantes dans le sens des lignes, à moins qu'elles ne soient semées ou plantées en lignes droites en tout sens, ce qui permet de croiser le sarclage. Lorsque la récolte n'a pas cette disposition, il est nécessaire de sarcler à la main, le long des lignes. Ce travail n'équivaut pas au dixième du binage de la récolte, s'il était exécuté à la main sur toute la surface.

En conduisant la houe à cheval, il ne faut jamais perdre sa marche de vue ; une fausse direction donnée à l'instrument aurait, en un clin d'œil, détruit

tout une ligne de plantes ; en repassant dans la ligne
à côté, on voit si l'opération n'est pas correcte, et on
répare l'inexactitude s'il est possible, en arrêtant l'instrument. Il est très essentiel que les traits soient
bien égaux. Plusieurs agriculteurs se servent d'un
brancard au lieu de traits. Si les herbes, accumu-
lées entre les pieds des lames, empêchent l'instrument de fonctionner régulièrement, l'ouvrier appuie
sur les mancherons et soulève ainsi l'avant-train,
puis il le laisse retomber vivement. La secousse détache les mauvaises herbes dans cette partie; il fait
le contraire pour la partie postérieure, et cette double
manœuvre débarrasse l'instrument. Il est bon de donner à chaque trait de houe une profondeur plus grande.

§ 7. D. Qu'est-ce que le buttage ?

R. Le buttage est une opération qui a pour objet
d'accumuler la terre meuble autour des plantes auxquelles ce chaussement est avantageux, telles que les
pommes de terre, le maïs, etc... C'est un travail très
important ; il a le double avantage d'être un puissant
moyen d'ameublissement du sol, et de donner aux
plantes une vigueur extraordinaire, en mettant à portée de leurs racines une masse de terre bien ameublie
et engraissée, où elles peuvent s'étendre en liberté.
On butte les plantes à la main, avec la houe ou tranche, et au buttoir, par un temps sec, la terre ayant un
peu d'humidité, mais jamais assez pour qu'elle s'attache à l'instrument. Le buttage se fait ordinairement
en deux reprises : le premier doit être proportionné à
la hauteur des plantes, et le second doit avoir une plus
grande profondeur et se donner aussitôt que la terre
a formé croûte.

Le buttoir est une charrue ordinaire sans avant-
train, à double versoir, dont le soc est disposé en fer
de lance.

Il sert, comme on l'a dit, pour butter les plantes. On l'emploie encore pour tracer des sillons d'écoulement; pour préparer le terrain pour les betteraves, les raves, navets, rutabagas, maïs, haricots, qu'on sème sur l'ados. Pour le premier buttage, on écarte beaucoup les versoirs et on prend peu de profondeur. Pour le second, on fait le contraire, c'est-à-dire qu'on diminue l'écartement des versoirs et qu'on donne plus de profondeur. Il s'attelle ordinairement avec une seule bête. Si le terrain est trop fort, on en met deux à la file l'une de l'autre. Plus la marche de l'instrument est rapide, plus elle est régulière. C'est pourquoi il vaut mieux employer le cheval ou le mulet, que le bœuf. Pour que le buttage soit bien exécuté, il faut que la terre soit relevée de chaque côté de l'ados, de manière à former une seule arête au sommet.

§ 8. D. Quelle conclusion générale peut-on tirer de l'emploi des instruments d'agriculture perfectionnés?

R. L'emploi intelligent des instruments d'agriculture perfectionnés diminue considérablement la main-d'œuvre, et comme l'agriculteur augmente ses profits en proportion de la diminution qu'il sait apporter dans la main-d'œuvre, sans compromettre la bonne exécution des travaux, il aura presque toujours intérêt à remplacer le travail de l'homme par celui des animaux, en se servant des instruments d'agriculture qui peuvent le mieux remplir ce but. Cela ne veut pas dire qu'il faille renoncer aux façons données à bras d'hommes. Le petit cultivateur, qui n'a pas le moyen d'entretenir un attelage, ne peut songer à l'emploi des instruments d'agriculture perfectionnés mus par les animaux, quand même il aurait les moyens d'en acheter. Les labours faits à la main, toutes circonstances égales d'ailleurs, sont mieux exécutés, et l'augmentation de produits qui résulte de cette supériorité compense souvent ce que coûte de plus ce genre de travail.

5.

CHAPITRE VI. — DES ASSOLEMENTS.

§ 1. D. Qu'entend-on par assolements ?

R. On entend par assolements une succession de cultures et de récoltes qui revient sur le même terrain, après le même espace de temps.

La nécessité des assolements est fondée sur l'expérience que l'agriculteur a faite du prompt épuisement des meilleures terres, lorsqu'on y cultive plusieurs fois de suite les mêmes plantes, et du succès de certaines récoltes, succédant à certaines autres. On a vu que toutes les plantes ne tirent pas du sol la même nourriture ; qu'il y en a de plus ou moins épuisantes, qu'il y en a même d'améliorantes. Varier les récoltes de manière à varier les cultures, et à utiliser successivement, pour les diverses productions agricoles, toutes les substances nutritives contenues dans le sol, les renouveler par l'application judicieuse des engrais et des amendements, tel est l'art des assolements.

§ 2. D. Quelles sont les principales considérations qui doivent déterminer, dans le choix d'un assolement ?

R. Les considérations principales qui doivent déterminer l'agriculteur, dans le choix d'un assolement, sont de plusieurs sortes. Les unes ont rapport au climat et au terrain lui-même ; d'autres, à la bonne répartition des travaux et aux besoins de l'exploitation ; d'autres, enfin, au plus ou moins d'avantages que, tout bien examiné, l'on peut trouver à cultiver telle ou telle récolte.

§ 3. D. Quels sont les principes généraux des assolements qui ont rapport au terrain lui-même ?

R. Les principes généraux auxquels on doit avoir égard dans le choix d'un assolement, par rapport au terrain lui-même, sont : 1° d'alterner les récoltes épuisantes avec les récoltes améliorantes, afin d'entretenir le sol dans un bon état de fertilité ; 2° de faire revenir les récoltes sarclées, ou même, s'il le faut, la jachère ou la demi-jachère, assez fréquemment pour que le terrain soit toujours bien net de mauvaises herbes ; 3° d'appliquer, dans le même but, la fumure aux récoltes sarclées, afin que les mauvaises herbes que fait croître le fumier soient détruites par les cultures d'entretien ; 4° de donner ces cultures d'entretien assez fréquemment pour qu'aucune mauvaise herbe ne puisse mûrir ses graines et se reproduire ; 5° de choisir les plantes qui conviennent le mieux à la nature du sol et au climat.

§ 4. D. Quels sont les principes généraux des assolements auxquels on doit avoir égard par rapport à la bonne répartition des travaux et aux besoins de l'exploitation ?

R. Les principes généraux des assolements auxquels on doit avoir égard par rapport à la bonne répartition des travaux et aux besoins de l'exploitation, sont : 1° d'assurer la production des objets nécessaires pour la consommation de l'exploitation, lorsqu'il y a d'ailleurs possibilité et avantage de cultiver les récoltes qui les fournissent ; 2° d'assurer une production fourragère proportionnée à la quantité de bétail nécessaire pour obtenir largement tout le fumier que l'assolement exige, lorsqu'on n'a pas d'autres ressources pour la nourriture des bestiaux dans les prairies naturelles. (On peut s'écarter de cette règle en proportion de la quantité de prairies naturelles dont on peut disposer.) On doit donner aux cultures diverses une étendue proportionnée au travail nécessaire à chacune d'elles ; de sorte qu'on puisse, sans compromettre le succès d'aucune, suffire à tous les travaux, avec les ressources qu'on a à sa disposition ; 4° ces récoltes doivent être placées dans un ordre tel, que les cultures préparatoires et celles d'entretien puissent être données à propos et avec facilité.

§ 5. D. Quels sont les principes généraux des assolements auxquels on doit avoir égard, par rapport au plus ou moins d'avantages que, tout bien examiné, l'on peut trouver à cultiver telle ou telle récolte ?

R. Les principes généraux des assolements auxquels on doit avoir égard, par rapport au plus ou moins d'avantages que, tout bien examiné, l'on peut trouver à cultiver telle ou telle récolte, sont : 1° de bien calculer, d'après la consommation locale ou les besoins du commerce et de l'industrie dans le pays qu'on habite, les récoltes qui peuvent rapporter le produit net le plus considérable sans épuiser le sol, et en le maintenant dans un bon état de fertilité ; 2° de se rendre, par conséquent, un compte raisonné de toutes les dépenses qu'occasionne l'assolement, comparativement avec les produits qu'on peut en attendre ; 3° de tenir compte également des difficultés que présentent les voies de communication, soit pour l'exploitation, soit pour l'écoulement des produits ; 4° de ne pas entreprendre d'assolements coûteux sans avoir les capitaux suffisants en-dehors des ressources ordinaires de l'exploitation et de son rapport présumé.

§ 6. D. Peut-on donner quelques exemples d'assolements à adopter, selon les divers terrains et selon les climats ?

R. En tenant compte des observations générales qu'on a présentées, il est facile à l'agriculteur de se déterminer, selon son terrain et selon le climat. Les mêmes assolements ne conviennent pas, en effet, pour tous les terrains et pour tous les climats. Toutefois, on peut donner quelques exemples d'assolements calculés d'après ces diverses considérations.

§ 7. D. Quels sont les assolements les plus avantageux à adopter pour les terres fortes et dans les climats froids ?

R. Dans les climats froids sur les terres fortes, on peut adopter les assolements suivants :

1ʳᵉ année, fèves fumées et binées.
2ᵉ — blé avec trèfle.
3ᵉ — trèfle plâtré.
4ᵉ — colza d'hiver ou avoine d'hiver.

ou :

1ʳᵉ année, vesces d'hiver fumées et coupées en vert,
puis demi-jachère.
2ᵉ — blé avec trèfle.
3ᵉ — trèfle plâtré.
4ᵉ — avoine.

ou :

1ʳᵉ année, carottes fourragères, ou rutabagas, ou
betteraves sarclées et fumées.
2ᵉ — Avoine avec trèfle.
3ᵉ — trèfle plâtré.
4ᵉ — blé.

§ 8. D. Quels sont les assolements les plus avantageux pour les terres fortes dans les climats chauds ?

R. Dans les climats chauds et dans les terres fortes, on peut adopter les assolements suivants :

1ʳᵉ année, betteraves fumées et binées.
2ᵉ — avoine avec trèfle.
3ᵉ — trèfle plâtré.
4ᵉ — blé, raves sarclées en seconde récolte.

ou :

1ʳᵉ année, maïs fumé et biné.
2ᵉ — blé ou avoine avec trèfle.
3ᵉ — trèfle plâtré.
4ᵉ — avoine d'hiver ou blé, raves sarclées en
seconde récolte.

ou :

1ʳᵉ année, fèves ou pommes de terre fumées et binées, ou maïs fourrage fumé et sarclé.
2ᵉ — avoine avec trèfle.

3e année, trèfle plâtré.
4e — blé.

§ 9. D. Quels sont les meilleurs assolements sur les terres légères dans les pays froids?

R. On peut indiquer comme convenant aux terres légères, et dans les pays froids. les assolements suivants ·

Dans les terres fertiles :

1re année, pommes de terres fumées, binées et buttées.
2e — seigle avec trèfle.
3e — trèfle plâtré.
4e — avoine.

OU :

1re année, raves ou rutabagas fumés et binés.
2e — avoine ou seigle avec trèfle.
3e — trèfle plâtré.
4e — seigle ou avoine.

Dans les terres où le trèfle de Hollande ne peut réussir :

1re année, pommes de terre ou raves fumées, binées.
2e — sarrasin ou avoine.
3e — seigle, demi-fumure.

OU BIEN :

1re année, pommes de terre fumées et sarclées.
2e — seigle.

OU BIEN :

1re année, sarrasin.
2e — pommes de terre fumées et sarclées.
3e — seigle.
4e — jachère.

§ 10. D. Quels sont les assolements qu'on peut adopter dans les climats chauds, pour les terres légères?

R. Dans les climats chauds, et pour les terres légères, on peut adopter les assolements suivants :

Dans les terres en bon état de fertilité :

1re année, récolte sarclée et fumée, appropriée au terrain et au climat.

2e — avoine avec trèfle, ou seigle, puis sarrasin en seconde récolte, avec trèfle.

3e — trèfle plâtré.

4e — seigle, sarrasin ou raves en seconde récolte.

Sur les terres qui n'ont pas assez de consistance pour le trèfle de Hollande :

1re année, récolte sarclée et fumée, appropriée au terrain et au climat, sur défrichement de trèfle incarnat plâtré.

2e — seigle, sarrasin en seconde récolte avec trèfle incarnat.

OU BIEN :

Dans un terrain moins bon :

1re année, récolte sarclée et fumée.

2e — seigle, sarrasin en seconde récolte, avec trèfle incarnat.

3e — trèfle incarnat plâtré, demi-jachère, demi-fumure.

4e — seigle { raves. / sarrasin. / spergule. } En seconde récolte.

11. D. Quels sont les assolements qu'on peut adopter pour les terres de consistance moyenne, dans les pays froids?

R. Dans les pays froids et sur des terres de consistance moyenne, on peut avantageusement adopter les assolements suivants :

1re année, récolte fumée et sarclée, appropriée au climat et au terrain.

2e — avoine ou orge avec trèfle.

3e — trèfle plâtré.

4e — seigle ou froment selon le terrain.

OU :

1re année, récolte sarclée et fumée.

2e — colza d'hiver repiqué, avec trèfle

3e — trèfle plâtré.

4e — blé ou seigle selon le terrain.

OU BIEN SANS TRÈFLE :

1re année, récolte sarclée et fumée appropriée au terrain et au climat.

2e — blé ou froment selon le terrain.

3e — vesces d'hiver pour fourrage, plâtrées.

4e — sarrasin.

§ 12. D. Donnez quelques exemples d'assolements pour les pays chauds et sur les terrains de consistance moyenne ?

R. Dans les pays chauds et sur des terrains de consistance moyenne, on peut suivre les assolements suivants :

1re année, récolte sarclée et fumée, appropriée au terrain et au climat.

2e — froment ou seigle, sarrasin en seconde récolte, avec trèfle.

3e — trèfle plâtré.

4e — avoine, orge ou blé, sarrasin ou raves en seconde récolte.

OU BIEN :

1re année, récolte sarclée et fumée, appropriée au terrain et au climat.

2e — avoine avec trèfle.

3ᵉ année, trèfle plâtré.

4ᵉ   —   blé ou seigle, puis sarrasin ou raves en seconde récolte.

OU BIEN :

1ʳᵉ année, récolte sarclée et fumée, appropriée au terrain et au climat.

2ᵉ   —   blé ou seigle, sarrasin en seconde récolte avec trèfle incarnat.

3ᵉ   —   trèfle incarnat plâtré, puis maïs fourrage fumé.

4ᵉ   —   seigle ou blé, raves en seconde récolte.

La luzerne et le sainfoin, ainsi que les fourrages artificiels qui durent en terre plus d'un an, et qui sont destinés au pâturage, ne peuvent entrer dans des assolements de 4 ans. Quand on a des terrains qui conviennent à la culture de ces plantes, il est très avantageux de les faire servir de base à des assolements plus longs, ou bien de les cultiver hors de l'assolement ordinaire qu'on croit devoir adopter.

La base de tous les exemples d'assolements indiqués repose sur la première récolte, qui doit être une récolte sarclée, largement fumée et appropriée au terrain et au climat, telle que : pommes de terre, betteraves, topinambours, rutabagas, raves, navets, choux, fèves, maïs fourrage, sorgho, sorgho sucré, carottes, etc. Le trèfle peut être remplacé par un autre fourrage convenant au climat et au terrain, comme : vesces, pois, lupuline, spergule, lentilles, trèfle cornu, trèfle incarnat, maïs fourrage, colza fourrage, moutarde, etc. On peut également faire entrer dans un assolement la culture des plantes industrielles et de celles à huile, telles que : lin, chanvre, colza, navette, caméline, pavot, moutarde, chicorée, tabac, gaude, pastel, cardère, etc.

On comprend que les exemples donnés sont indicatifs et non pas limitatifs ; toutefois, l'agriculteur fera sagement de n'introduire de nouvelles récoltes et de nouveaux procédés de culture sur son exploitation, que peu à peu, graduellement, et à mesure que l'expérience personnelle qu'il fera lui aura démontré l'avantage relatif qu'il peut trouver à ces innovations.

QUATRIÈME PARTIE.

SCIENCE DES PLANTES UTILES ET DE LEUR CULTURE.

PREMIÈRE SUBDIVISION.

Plantes propres à l'usage alimentaire de l'homme, et qui sont cultivées dans les champs.

CHAPITRE I. — PLANTES CULTIVÉES DANS LES CHAMPS, ET DONT LES GRAINES SERVENT A L'ALIMENTATION DE L'HOMME.

§ 1. D. Quelles sont les principales plantes cultivées dans les champs, dont les graines servent à l'alimentation de l'homme ?

R. Les principales plantes cultivées dans les champs, dont les graines servent à l'alimentation de l'homme, sont : le *froment,* le *seigle,* l'*orge* et leurs variétés ; le *sarrasin,* l'*avoine,* le *maïs,* le *millet,* le *sorgho*, les *fèves*, les *haricots*, les *pois*, les *lentilles*, les *vesces* et les *pois-chiches*.

§ 2. D. Quelles sont les principales variétés de froment, quels sont les terrains qui lui conviennent le mieux, et la meilleure préparation à donner à ces terrains?

R. Sans détailler les nombreuses variétés de froment, qu'on classe en blés tendres et blés durs; blés barbus et blés sans barbes; blés d'automne et blés de printemps, nous parlerons du genre de culture commun à toutes.

Les terrains qui conviennent le mieux au froment sont les terres fortes, ou de consistance moyenne, qui contiennent de la chaux. Il réussit bien dans ces espèces de terrains, lorsque la culture qui le précède a été largement fumée et bien sarclée ; ou bien encore sur une jachère ou demi-jachère convenablement fumée. La pratique de fumer directement le froment, au moment des semailles, est défectueuse, parce qu'elle favorise le développement des mauvaises herbes. Lorsqu'on est obligé de fumer directement la terre pour le blé, il faut prendre la précaution d'enterrer le fumier par un labour fait quelques semaines avant l'époque des semailles, et herser. Alors, la plupart des graines de mauvaises herbes ont germé, et sont détruites par la façon donnée au sol pour recouvrir la semence. Si le fumier manque, et que la terre soit d'ailleurs bien préparée, il faut semer, malgré cela, et, sur la fin de l'hiver, répandre le fumier sur les blés. Cette pratique ne vaut pas les autres, en ce que le fumier, appliqué de la sorte, ne profite pas autant à la terre; mais elle assure le succès de la récolte qui reçoit cette fumure. Le froment aime une terre bien ameublie, il réussit cependant très bien sur un trèfle défriché par un seul labour, lorsque la terre est bien retournée, rompue et nivelée. Il prospère d'autant mieux que la terre est engraissée de plus longue main ; il craint moins que les autres espèces de grains d'être semé la terre étant humide.

§ 3. **D.** Quelle quantité de semence doit-on emp'oyer, et comment convient-il de la préparer ?

R. On emploie, en général, de 1 hectolitre 75 litres à 2 hectolitres de semence par hectare. Le froment est sujet à la carie et au charbon. Pour l'en préserver, on fait tremper la semence dans de l'eau où l'on a fait dissoudre de la chaux, ou du vitriol bleu, dans la proportion de 6 kilogrammes de chaux et d'un demi-kilogramme de vitriol par hectolitre. Avec la chaux, il ne faut pas mettre trop d'eau ; la préparation doit former une bouillie claire, dans laquelle on remue la semence à plusieurs reprises, jusqu'à ce que chaque grain soit enveloppé. On ne fait sécher que plusieurs heures après. Avec le vitriol, pourvu que la semence puisse bien tremper, il y a assez d'eau ; on remue, et on laisse séjourner quelques heures, puis on fait sécher pour semer. Des agriculteurs expérimentés ajoutent du sel au mélange. Le froment se sème selon le climat, la nature et l'état des terrains, entre la fin de septembre et celle de décembre.

§ 4. **D.** Le froment demande-t-il des façons d'entretien ?

R. Le froment demande diverses façons d'entretien, selon les circonstances. Il est rare que sur les terres qui lui conviennent, le froment se déchausse après les gelées de l'hiver. Partout où le déchaussement a lieu, des roulages répétés par un temps et sur le terrain secs, sont très utiles. Sur les autres terrains, et dans les mêmes circonstances de sol et de température, il est très avantageux de donner aux blés un hersage, au moment où les plantes commencent à pousser. On arrache les chardons lorsque la terre est

tous en moissonnant avant l'entière maturité. Le moment où il convient de moissonner est celui où le grain est assez dur pour ne pas s'écraser sous les doigts. Ces conseils ne s'appliquent pas aux blés qu'on destine à la semence; ces derniers doivent arriver à leur complète maturité. On moissonne à la faucille, à la sape ou à la faux, suivant l'usage établi dans chaque pays. Comment qu'on opère, il est essentiel de couper les blés aussi bas que possible, on perd ainsi moins de paille et d'épis. Une partie des raisons qui doivent porter à moissonner avant la complète maturité du blé, engagent aussi l'agriculteur à lier et à mettre les gerbes en sûreté, soit en les entassant sur le lieu même ou autour de l'aire, en fortes meules ou plongeons, soit dans les granges, selon l'usage des lieux, dès que les javelles sont assez sèches pour qu'on ne puisse craindre que le grain et la paille s'échauffent par l'entassement.

§ 6. D. Quel est le produit ordinaire du froment, et quels sont les moyens les plus efficaces de le conserver ?

R. Le produit du froment varie, pour l'ordinaire, entre 16 et 22 hectolitres par hectare, selon la fertilité du terrain. Il ne peut être question ici des divers modes de battage et de nettoyage du blé. Il est évident que les plus économiques, dans une grande exploitation, sont ceux exécutés à l'aide des machines. Si l'on n'a pas toujours avantage à se procurer une machine à battre, on se trouve toujours bien d'avoir un *tarare*, instrument à nettoyer le grain sans le secours du van; le prix en est peu élevé. On se sert ordinairement des étages supérieurs des bâtiments pour greniers; ils doivent être bien aérés, pour que le grain puisse promptement se sécher; il faut encore qu'ils soient, autant que possible, à l'abri des oiseaux, des rats, des souris et des insectes nuisibles. On n'y amoncèle pas le blé à une grande hauteur ; on a soin de le remuer fréquemment à la pelle de bois. Cette précaution sert à deux fins : elle fait sécher le grain plus promptement, et dérange les charançons, qui quittent alors le grain. Le charançon, l'alucite et la fausse teigne, sont les trois insectes les plus nuisibles aux blés dans les greniers. On a donné plusieurs moyens de les détruire, mais la plupart sont d'une exécution difficile ; ceux qu'on peut employer avec le plus d'économie et d'efficacité sont : une extrême propreté, le lavage des murs à l'eau de chaux, l'agitation fréquente du grain, et le mélange d'herbes fortes telles que : l'absinthe, la tanaisie, la sauge, la menthe, le lierre terrestre, le thym, le serpolet, le tabac, les feuilles de noyer.

§ 7. D. Comment cultive-t-on le seigle, et quel est son produit ?

R. Les terrains légers, sablonneux, schisteux et granitiques, conviennent au seigle. La terre doit être bien ameublie, bien sèche, et, autant que possible, labourée depuis longtemps ; plus le labour est vieux, comme on dit, et mieux, toutes choses égales d'ailleurs, le seigle réussira. Les semailles de seigle doivent se faire avant celles de froment. On met de 1 hectolitre 50 litres à 2 hectolitres de semence par hectare, suivant les terrains. Le roulage ou le hersage, selon les circonstances, sont très favorables au seigle. Il est rare qu'on lui donne des sarclages, dont il se trouverait cependant très bien. Il produit, selon les terrains et leur état de fertilité, de 18 à 24 hectolitres par hectare. Tout ce qui a été dit pour la fumure, la moisson et la conservation du froment, s'applique au seigle, comme à l'orge et à l'avoine. Le seigle est sujet à une maladie qu'on appelle l'*ergot*. Les grains ergotés forment une excroissance dure, compacte, cas-

assez humide pour permettre cette opération très importante, et l'on sarcle dès que la terre est bien ressuyée et qu'on peut compter sur le beau temps. Le
hersage, exécuté dans les conditions qu'on vient d'indiquer, est une pratique très peu répandue dans certains pays ; il provoque le développement de nouvelles
racines et de nouvelles tiges, et donne une grande
vigueur aux plantes. Dans les contrées où le froment
se sème par lignes ou par touffes, appelées *poquets*,
méthode excellente, les sarclages ou binages se donnent avantageusement avec des houes bineuses
destinées à cet usage, et qui ne sont que des modifications de la houe à cheval. Lorsque le froment est
trop vigoureux, qu'on peut craindre qu'il ne verse, il
est avantageux de le faire pâturer par les moutons ou
de le faucher vers la fin de l'hiver ; mais ces cas sont
fort rares.

§ 5. D. A quelle époque et de quelle manière se fait la moisson ?

R. Il ne faut pas attendre la maturité complète du
blé pour moissonner. Une grêle de cinq minutes, des
vents violents, des pluies abondantes, peuvent en peu
de temps détruire l'espoir de l'agriculteur, ou du
moins diminuer considérablement la récolte qu'il s'est
donné tant de peine à faire venir. En-dehors de ces
considérations, qui sont très puissantes, le système
que nous recommandons offre les avantages suivants :
le grain récolté avant sa complète maturité, contient
moins de son et pèse davantage ; la paille est meilleure pour la nourriture des animaux ; si l'on attend
pour moissonner que tous les blés soient bien mûrs,
les derniers moissonnés s'égréneront lorsqu'on les
coupera, qu'on liera et qu'on transportera les gerbes.
Les meilleurs grains sont les premiers mûrs, les premiers qui tombent de l'épi ; on les conserve presque

sante, d'un noir violacé. Il est facile d'enlever le seigle ergoté par le criblage, et l'on doit avoir grand soin de le faire ; car il est très nuisible à la santé. On ne connaît ni la cause de l'ergot, ni les moyens de le prévenir.

Le seigle est un très bon fourrage vert ; il est le premier qu'on peut faucher, et ne coûte guère que la semence ; car la terre, débarrassée de suite, peut être immédiatement occupée par la plupart des récoltes de printemps. Le méteil est un mélange de froment et de seigle.

§ 8. D. Quelle est la culture de l'orge, et quel est son rendement?

R. L'orge n'est pas exigeante sur la qualité du terrain, quoique ses produits soient proportionnés à l'état de fertilité du sol. Les terrains de consistance moyenne et un peu calcaire sont ceux qui lui conviennent le mieux. La terre doit être labourée profondément, et parfaitement ameublie. On dit qu'elle ne réussit jamais mieux que lorsqu'elle est semée dans la poussière. On la place dans les assolements, après une récolte qui n'a pas épuisé la terre ; on ne doit jamais la faire succéder à une récolte de froment, de seigle ou d'avoine. On sème de bonne heure l'orge d'automne, c'est-à-dire dans le courant de septembre et d'octobre ; et celle de printemps, vers la fin de mars ou dans le courant d'avril. On emploie de 200 à 250 litres de semence par hectare, suivant la variété et le terrain. L'orge de printemps demande à être enterrée, dans les sols légers, à 6 centimètres de profondeur. Il est bon de chauler l'orge. L'action du rouleau peut, dans les cas indiqués, être utile à l'orge. Les hersages, au contraire, lui sont nuisibles, lorsque la plante commence à pousser, car alors elle casse très facilement. Son rendement est d'environ 20 à 25, et jusqu'à 32 hectolitres par hectare, selon l'état de fertilité du terrain.

§ 9. D. Comment se cultive l'avoine, et quel en est le produit ?

R. L'avoine n'est pas difficile pour le choix du terrain, pourvu qu'il y ait de la fraîcheur ; avec cette condition, elle vient à peu près partout, donnant de magnifiques produits dans les sols fertiles, et de très passables sur les mauvaises terres. Elle réussit surtout sur les défrichements de prairies artificielles, sur la terre neuve et sur un écobuage. Elle n'exige pas non plus que la terre qu'on lui destine soit parfaitement préparée ; quoiqu'elle réussisse d'autant mieux que la préparation a été meilleure, elle donne encore d'assez bons produits lorsque le temps a manqué pour bien exécuter les labours convenables.

On sème l'avoine d'hiver, de septembre à décembre, et celle de printemps en février et mars, dès qu'on n'a plus à craindre de fortes gelées, et que le sol est suffisamment ressuyé. Il faut plus de semence pour l'avoine de printemps que pour celle d'automne ; cette quantité varie entre 2 et 3 hectolitres par hectare. On sème à la volée et l'on recouvre à la herse, à l'extirpateur ou à la charrue, selon l'état du terrain. Les cultures d'entretien se bornent à un hersage qu'on ne lui donne même pas partout. Dans plusieurs pays, on laisse l'avoine longtemps en javelles, avant de la lier. Cette méthode peut être bonne, lorsque le temps est beau, quoique une grêle fasse autant de mal sur l'avoine en javelles que sur l'avoine qui est sur pied. Il est beaucoup plus sûr de lier dès que l'avoine est assez sèche, elle se fera encore dans la meule, et l'on ne courra pas risque d'en perdre une partie, soit par la grêle, soit par l'humidité ; la paille, qui est un bon fourrage, en est aussi meilleure. L'avoine

6

produit de 20 à 30 hectolitres par hectare, selon les terrains.

CHAPITRE II. — SUITE DES PLANTES CULTIVÉES DANS LES CHAMPS, DONT LES GRAINES SERVENT A L'ALIMENTATION DE L'HOMME.

§ 1. D. Quelles sont l'utilité et la culture du sarrasin?

R. Le sarrasin, ou blé noir, est une plante très utile; son grain sert à la nourriture de l'homme et à celle des animaux, ses fleurs à celle des abeilles, et ses tiges enfouies sont un bon engrais végétal. Il se contente des terrains les plus maigres; il réussit après quelle récolte que ce soit, et peut remplacer toute récolte qui aurait manqué. Il épuise les terres calcaires.

Il se cultive de deux façons : en récolte principale, sur labour vieux ; en seconde récolte, après les seigles, les vesces, le colza, dans les pays chauds. Dans le premier cas, on le sème au commencement de mai ; dans le second, jusqu'au commencement d'août. Il demande une terre sèche, suffisamment ameublie, et ne veut pas être enterré à plus de trois centimètres de profondeur ; la herse convient très bien pour le recouvrir. La quantité ordinaire de semence employée par hectare, est de 50 litres, et même moins. On sème beaucoup plus épais, si l'on veut faire servir le sarrasin d'engrais végétal. Le rendement ordinaire est de 20 à 30 hectolitres par hectare. Semé très clair, sur un sol bien préparée, fumé et sarclé à propos, le sarrasin donne jusqu'à quatre-vingts grains pour un, et plus.

On coupe à la faucille, ou on arrache le sarrasin, lorsque la grande partie des grains sont mûrs ; si l'on arrache le sarrasin, on coupe les racines avec la faucille, on réunit les tiges en bottes qu'on dresse les unes contre les autres, et qu'on laisse bien sécher, puis on bat dans le champ même.

§ 2. D. Quels sont les terrains qui conviennent au maïs, et quelle en est la culture?

R. Le maïs est une plante des pays chauds ; il vient sur des terrains de diverses qualités ; mais ceux où il prospère le mieux, sont les terres argilo-calcaires, profondes, bien ameublies et fortement engraissées. On sème lorsqu'on n'a plus à craindre les gelées tardives du printemps, et que la terre est assez échauffée pour activer la végétation. Il peut être utilement placé, avant ou après quelle récolte que ce ce soit. Le semis à la volée doit être proscrit pour le maïs cultivé pour sa graine, et réservé pour le maïs fourrage. On sème donc le maïs pour graine en lignes également espacées, afin que la houe à cheval et le buttoir puissent fonctionner entre elles. Pour opérer avec plus de régularité, on trace d'avance des sillons au buttoir, ou avec la charrue à deux oreilles, à intervalles égaux les uns des autres ; puis on sème au fond de ces raies un ou deux grains de maïs à un demi-mètre de distance, et on recouvre avec le pied ou avec la houe.

Lorsqu'on associe la culture des haricots à celle du maïs, il est préférable de les semer dans la ligne même du maïs, de façon qu'il y ait alternativement un pied de maïs et quatre ou cinq de haricots. De cette manière, la houe et le buttoir peuvent librement fonctionner dans l'intervalle des lignes, et les récoltes s'en trouvent beaucoup mieux que lorsque les haricots alternent avec le maïs, à moins qu'on ne laisse de 50 à 75 centimètres environ entre chaque ligne, espace suffisant pour la marche des instruments.

Dès que le maïs a 7 ou 8 centimètres de hauteur, on procède à un premier sarclage, qui a pour effet de nettoyer le terrain des mauvaises herbes, et de retrancher les tiges de maïs qui seraient trop rapprochées l'une de l'autre. Il faut prendre garde, en faisant cette opération, de ne pas introduire de terre dans le cornet que forme la plante, ce qui pourrait la faire pourrir. Après une dizaine de jours, on réitère l'opération, si elle est nécessaire, et après un pareil espace de temps, on procède au buttage. Cette façon, donnée au buttoir, est beaucoup plus économique que lorsqu'on l'exécute à la main. On obtient des résultats remarquables, si l'on a soin de déposer au pied de chaque plante une petite poignée d'engrais actifs, tels que de la colombine ou de la poudrette, que le buttage recouvre et dispose autour des racines. Cette observation s'applique à toutes les plantes susceptibles d'être buttées. En même temps on a soin de supprimer les tiges latérales du maïs, et de n'en laisser qu'une seule à chaque pied. Après la floraison, on coupe les sommités de la tige jusqu'à l'épi supérieur ; c'est un très bon fourrage.

La culture du maïs est épuisante, quoiqu'elle nettoie bien le sol.

§ 3. D. Comment récolte-t-on et conserve-t-on le maïs, quels en sont les produits et les principaux usages?

R. Le maïs se récolte ordinairement en détachant l'épi des tiges qu'on enlève ensuite, soit pour les faire consommer aux bestiaux, soit pour augmenter la masse des engrais. On fait aussitôt sécher les épis au soleil ou à l'air. Dans la petite agriculture, on laisse deux ou trois feuilles à l'épi, on en attache plusieurs ensemble et on les suspend à des perches, au grenier. Dès que le maïs est assez sec, on l'égrène, soit à l'aide d'une machine destinée à cet usage, soit en frottant fortement les épis l'un contre l'autre, soit en se servant d'une pièce de fer fixée à un banc ou sur une comporte.

Le moyen le plus naturel de conserver le maïs est de le laisser en épis et de n'égréner qu'à mesure qu'on en a besoin. Dans les exploitations un peu considérables, on conserve le maïs égréné, soit dans des greniers, où on le remue fréquemment, soit dans des sacs ou dans des coffres.

Il faut avoir soin de ne pas moudre à la fois plus de maïs qu'il n'en faut pour la provision de quelques semaines, car la farine s'altère promptement.

Le maïs produit de 15 à 25 hectolitres par hectare, selon les terrains. Il sert, dans les pays chauds, aux mêmes usages que le sarrasin dans les pays froids. Il est une précieuse ressource pour la nourriture de l'homme et pour celle des animaux domestiques; on peut s'en servir pour la préparation de la bière; on peut encore en extraire du sucre et de l'alcool. Le maïs semé épais sur un terrain riche, est un excellent fourrage.

§ 4. D. Quelle est la culture du millet, et quel en est le produit?

R. Le millet se plaît dans les terres légères, mais riches, profondes et bien ameublies. On le sème, soit au printemps, en récolte principale, lorsqu'il n'y a plus à craindre la moindre gelée, soit, plus tard, en seconde récolte, sur un seul labour suivi d'un hersage. Il demande à être fortement fumé, et épuise beaucoup la terre. Il est bon de faire tremper la graine vingt-quatre heures avant de la semer, pour la faire germer plus vite. On sème à la volée ou en lignes, et l'on sarcle et chausse les plantes, comme il a été dit pour le maïs, excepté que ces travaux se font plus ordinairement à la main qu'à l'aide de machines, à cause du rapprochement des plantes qui est le plus souvent de 25 centimètres en tout sens. Cependant on peut très bien se servir de la houe à cheval et d'un petit buttoir, en espaçant un peu plus les lignes.

On récolte le millet lorsque les épis deviennent jaunâtres ; on perdrait beaucoup de graines si on attendait leur complète maturité. Le millet se bat et se nettoie comme le blé. Son produit est de 30 à 35 hectolitres par hectare. On peut l'employer en petite quantité à la fabrication du pain ; on le mange aussi en le préparant comme le riz ; il sert à la nourriture de tous les animaux ; sa tige, verte et sèche, est un bon fourrage.

§ 5. D. Qu'est-ce que le sorgho, et quels en sont la culture et les usages ?

R. Le sorgho est une espèce de millet ou panis, dont la tige est employée verte comme un bon fourrage, et sèche pour la fabrication des balais. Ses grains servent à l'engraissement des animaux, et pourraient très probablement servir à la nourriture de l'homme. On en cultive depuis quelque temps une nouvelle variété appelée *sorgho sucré*, dont on retire du sucre et de l'alcool, et qui donne un fourrage vert très abondant et d'excellente qualité.

Tout ce qui a été dit du maïs au sujet du climat et de la terre qui lui conviennent, de la préparation du terrain, de sa culture d'entretien, s'applique au sorgho, avec cette différence que les lignes peuvent être un peu plus rapprochées. Le sorgho est aussi une plante épuisante.

Pour faire la récolte, on coupe les tiges au premier ou au second nœud de l'extrémité supérieure ; on en forme des gerbes qu'on fait sécher à l'abri de la pluie et de la volaille. On égrène les tiges en les faisant passer entre le genou protégé par un tablier de cuir, et une lame de couteau. C'est un ouvrage de veillée, comme l'égrenage du maïs à la main. Il faut remuer souvent les graines pendant trois semaines.

Le produit en est à peu près le même que celui du millet. On brûle le bas des tiges ou on les emploie pour faire des palissades. Le maïs, le millet et le sorgho, cultivés pour fourrage, préfèrent un terrain de consistance moyenne ou même léger, pourvu qu'il soit frais, profond et largement fumé.

CHAPITRE III. — SUITE DES PLANTES CULTIVÉES DANS LES CHAMPS, DONT LES GRAINES SERVENT A L'ALIMENTATION DE L'HOMME.

§ 1. D. Quels sont les terrains qui conviennent à la fève, et à quelle époque se sème-t-elle ?

R. Les fèves réussissent bien sur les terres les plus fortes, et les préparent convenablement à recevoir du froment ; elles épuisent peu la terre, et lorsqu'elles sont largement fumées, elles laissent le sol dans un bon état de fertilité ; elles suivent et précèdent avantageusement le froment. On sème sur un terrain fumé, aussi bien ameubli que sa nature et les circonstances le permettent, vers la fin d'octobre, et pendant le mois de novembre. Dans plusieurs pays on sème jusqu'en mars. En général, les ensemencements les plus hâtifs sont les meilleurs. On sème les fèves à la volée ou en lignes. La seconde manière permet l'emploi de la houe et du buttoir, quoique on se serve rarement de ce dernier instrument pour cette récolte.

La quantité de semence varie selon la distance qu'on veut mettre entre les plantes soit en lignes, soit à la volée. Deux hectolitres par hectare sont une quantité suffisante dans la plupart des cas.

§ 2. D. Quelles sont les façons d'entretien que demandent les fèves, et quel en est le rendement ?

R. Il faut sarcler et biner les fèves aussi souvent que les mauvaises herbes paraissent, et que le sol fait croûte. On peut remplacer le premier sarclage par un hersage donné peu de jours avant la levée des plantes. Cette opération a pour effet de favoriser la sortie des fèves, et de détruire les mauvaises herbes qui ont déjà germé. Si les lignes sont espacées de 50 centimètres, on emploie avec avantage la houe à cheval pour les sarclages et binages ; si elles sont plus rapprochées, les façons doivent être faites à la main.

Dans certaines localités, on a l'habitude de pincer la cime des fèves à l'époque de la floraison ; on pense que cette opération fait mieux nouer les fruits ; elle a du moins l'avantage de détruire les pucerons qui, à cette époque, endommagent souvent cette récolte. On coupe ou on arrache les fèves et on les lie après les avoir laissées quelques jours en javelles, la graine en haut, puis on les dispose en meules. On les bat au fléau, soit dans le champ même, soit dans l'aire ou dans la grange.

Le rendement des fèves est ordinairement de 20 à 25 hectolitres par hectare.

§ 3. D. Quels sont le climat et les terrains qui conviennent aux haricots ?

R. Le haricot, à quelque espèce qu'il appartienne d'ailleurs, qu'il soit nain ou à rames, aime un climat chaud, ou, du moins, tempéré. Il lui faut, à la fois, de la chaleur dans l'air et de la fraîcheur dans le sol. Un terrain léger et substantiel lui convient particulièrement, quoiqu'il réussisse assez bien sur les terrains argileux, et parfaitement dans les terrains sablonneux qu'on peut arroser. Les terrains trop calcaires, ceux où le plâtre domine, produisent des haricots qui cuisent difficilement. Avec des engrais et de l'eau, on obtient des haricots sur les terrains les plus arides.

La terre doit être bien ameublie et le labour qui enterre le fumier très superficiel, tant pour conserver plus de fraîcheur à la terre dans la partie inférieure de la couche arable, que pour laisser les sucs nourriciers à la portée des racines qui pénètrent peu profondément dans la terre. Tous les engrais leur conviennent; il faut les appliquer selon le terrain, d'après ce qui a été dit d'ailleurs. Les haricots sont une bonne préparation pour les blés et surtout pour le trèfle et la luzerne, lorsqu'ils ont été convenablement fumés et bien sarclés.

§ 4. D. Quelle est la manière la plus usitée de semer les haricots?

R. On ne cultive guère dans les champs que les variétés naines. Il est bon de choisir un à un les haricots qu'on veut semer. Beaucoup de cultivateurs pensent que la semence de deux ou trois ans est plus productive et moins sujette à dégénérer que celle d'un an. On cultive les haricots de deux manières principales : en augets, qu'on dispose en échiquier, dans lesquels on met plusieurs grains, et en lignes espacées, selon les espèces et la fécondité du sol. Le semis en lignes paraît devoir être préféré, parce que les plantes jouissent toutes également de la lumière et de l'air, et qu'elles peuvent être sarclées à la houe à cheval. Cependant il est rare qu'on ne sème pas les haricots à une distance trop rapprochée pour permettre à la houe de fonctionner dans l'intervalle des lignes. On ne sème jamais avant que les moindres gelées ne soient plus à craindre.

§ 5. D. Quelles sont les façons d'entretien qu'on donne aux haricots, et quel en est le produit?

R. On donne ordinairement trois façons d'entretien aux haricots : la première, dès qu'ils ont 4 ou 5 centimètres de hauteur; la seconde, qui est une espèce de buttage, un peu avant la floraison, et la troisième, environ trois semaines plus tard. Les haricots craignent la sécheresse et une humidité trop constante, quoiqu'ils aiment la chaleur extérieure et la fraîcheur du sol. On emploie utilement les irrigations lorsqu'elles sont possibles au moyen de rigoles; on peut encore couvrir le sol de litière pour conserver la fraîcheur de la terre. On commence la récolte par les gousses les plus basses ; puis, lorsque celles qui sont au haut de la tige sont assez mûres, on arrache les haricots, on les fait sécher, et on les bat au fléau ou avec de grandes perches. On recommande de laisser dans leurs gousses ceux qu'on destine à la semence. La culture des haricots est généralement productive, quoique très variable en raison du climat, du terrain et de la culture. Le produit ordinaire est de 15 à 20 hectolitres par hectare.

§ 6. D. Comment se cultivent les pois?

R. Il ne peut être question ici que de la culture des pois dans les champs, soit pour la nourriture des hommes, soit pour celle des animaux, comme fourrage. Le pois des champs a deux variétés : l'une d'hiver, l'autre de printemps. Le premier se sème à la fin de l'automne, et l'autre de mars en mai. Ils peuvent prospérer sur des terrains de nature très différente ; ils aiment la fraîcheur, et réussissent mieux sur des terres argilo-calcaires que sur toutes les autres. Si les pois doivent être suivis d'un blé, il faut fumer largement. Les amendements calcaires leur conviennent beaucoup. La terre doit être préparee comme il a été dit pour les fèves.

Il faut prendre beaucoup de soin pour le choix de la semence, parce que les insectes qui attaquent les pois en ont déjà souvent détruit le germe au moment des semailles. Les pois de la dernière récolte doivent être préférés : ils demandent à être semés un peu épais, il en faut environ 250 litres par hectare. Il faut semer plus épais, si l'on veut employer les pois comme fourrage vert. On sème ordinairement à la volée, et l'on recouvre à la herse, et le plus souvent par un labour de 8 à 10 centimètres de profondeur. Les pigeons dévastent les semis de pois. On y place des épouvantails pour les éloigner. Le pois des champs ne demande d'ailleurs aucune culture d'entretien ; sa végétation vigoureuse étouffe les mauvaises herbes. On le fauche dès que la moitié des gousses est arrivée à maturité; on évite ainsi de perdre les meilleures graines, et s'il reste encore quelques gousses vertes, la paille en est plus succulente. On les bat comme les haricots. Ils produisent ordinairement 18 hectolitres par hectare.

On cultive aussi dans les champs des pois de primeur ; alors on les sème en lignes et on les sarcle selon le besoin.

§ 7. **D.** Quelle est la culture des lentilles et pois chiches ?

R. La culture des lentilles est une des plus productives sur les sols médiocres; elles donnent des graines qui ont toujours une assez grande valeur, et un excellent fourrage. Elles aiment les terrains légers, et redoutent plus l'humidité que la chaleur. On sème les lentilles vers le milieu d'avril, sur une terre ameublie, à la volée ou en lignes, à raison de 100 à 150 litres par hectare, selon qu'on les cultive pour graine ou comme fourrage.

Il en existe une variété qui se sème en automne. La semence demande à être très peu enterrée ; le râteau suffit pour la recouvrir. La culture d'entretien se borne à des sarclages dont on se dispense d'ailleurs fort souvent. La récolte se fait lorsque les feuilles inférieures commencent à tomber et que les gousses deviennent rousses ; on les arrache alors, on les fait sécher par petites bottes, et on les bat à mesure qu'on en a besoin.

Les pois chiches se cultivent comme les lentilles.

§ 8. D. Comment se cultivent les vesces ?

R. Les vesces se cultivent pour leurs graines et comme un excellent fourrage. La vesce blanche est surtout cultivée pour ses graines. Les vesces aiment les terres fraîches, de consistance moyenne, bien ameublies, et sont une excellente préparation pour les blés lorsqu'elles sont fumées. Elles se sèment à la volée, au printemps ou à l'automne, suivant les variétés, à raison de deux hectolitres par hectare. On remplace le quart de cette quantité par autant d'avoine ou de seigle, quand on sème les vesces pour fourrage, afin de soutenir leurs tiges.

CHAPITRE IV. — PLANTES CULTIVÉES DANS LES CHAMPS, ET DONT LES RACINES, LES FRUITS OU LES FEUILLES SERVENT A L'ALIMENTATION DE L'HOMME.

§ 1. D. Quelles sont les principales plantes cultivées dans les champs, dont les racines, les fruits ou les feuilles servent à l'alimentation de l'homme ?

R. Les principales plantes cultivées dans les champs, dont les racines, les fruits ou les feuilles servent à l'alimentation de l'homme, sans parler des plantes destinées au même usage cultivées dans les jardins, sont : la *pomme de terre*, les *raves, navets, rutabagas,* la *betterave,* la *carotte,* le *panais,* le *topinambour,* les *choux,* les *courges, citrouilles* et *potirons,* les *ognons* et l'*ail.*

§ 2. D. Quelle est l'importance des plantes cultivées pour leurs racines, par rapport aux assolements?

R. Les plantes cultivées pour leurs racines constituent la base de tout bon assolement, parce que leur culture, exigeant des engrais abondants et des sarclages fréquents, dispose admirablement le terrain pour les cultures suivantes, sans qu'on ait besoin de recourir à la jachère. Les façons d'entretien d'une culture sarclée sont loin d'être aussi dispendieuses que celles que demande une jachère, et cette dépense est une source féconde de produits précieux pour l'alimentation humaine. La culture des récoltes sarclées permet d'augmenter considérablement les engrais, et par conséquent la fertilité du domaine, par la consommation que font les animaux d'une partie des produits, en laissant à l'agriculteur d'importants bénéfices.

§ 3. D. Quelle est l'utilité de la pomme de terre?

R. Le célèbre Parmentier, à qui la France doit la propagation de cette précieuse plante, voulant en démontrer l'utilité, donna un jour un grand dîner où, depuis le pain jusqu'au café et à l'eau-de-vie, tous les mets étaient exclusivement composés de pommes de terre.

Sans vouloir soutenir que la pomme de terre peut remplacer tous les aliments, on peut dire qu'elle est l'un des plus précieux bienfaits de la Providence. C'est du pain tout fait. Mêlée à la farine de froment, de seigle ou de fèves, elle peut entrer économiquement dans la confection du pain. Elle peut se préparer, pour la nourriture de l'homme, de beaucoup de manières différentes. Elle nourrit et engraisse toute espèce de bétail, les animaux domestiques et la volaille; sa farine, qu'on appelle fécule, sert à presque tous les usages de la farine de froment; on en fait du sirop, du sucre, de la bière, une espèce de vin, de l'eau-de-vie.

En voyant les usages à la fois si variés et si généraux de cette précieuse plante, on est à se demander comment on a pu s'en passer si longtemps.

§ 4. D. Quels sont les terrains qui conviennent à la pomme de terre et la préparation qu'ils exigent ?

R. Les terrains substantiels et frais, sans être trop humides, profonds, assez bien ameublis et assez peu compacts pour permettre aux tubercules de se développer régulièrement et sans obstacles, et de donner au sol les façons d'entretien nécessaires, sont ceux qui conviennent le mieux à la pomme de terre. Elle peut réussir sans fumier ; mais comme elle est une plante naturellement épuisante, il est plus convenable de la fumer largement avec du fumier consommé. Si, dans ce cas, on donne à propos et fréquemment les façons d'entretien, et qu'on remue toute la terre à une profondeur suffisante en arrachant les tubercules, la culture de la pomme de terre devient une excellente préparation pour toutes les récoltes qui la suivent. Toutefois, quand l'assolement qu'on a adopté le permet, il vaut mieux semer, après la pomme de terre, de l'avoine ou de l'orge de printemps que du froment ou du seigle.

§ 5. D. A quelle époque et comment convien-il de planter la pomme de terre ?

R. La pomme de terre se plante au printemps, dès que la terre est suffisamment ressuyée. On peut attendre pour certaines variétés hâtives, telles que la

marjolin, la *jaune hâtive*, le *comice d'Amiens*, jusqu'à la fin de mai, et même au commencement de
juin, après une récolte de trèfle incarnat ou de Roussillon, de vesces d'hiver, de seigle ou d'orge fauchés
en vert. Lorsque les étés sont humides, ces plantations tardives réussissent souvent mieux que les précoces ; cependant, depuis l'invasion de la maladie qui
est propre à la pomme de terre, on recommande les
plantations très précoces. Plusieurs agriculteurs conseillent même de planter avant l'hiver. A quelque
époque que la plantation ait lieu, il vaut mieux répandre le fumier sur toute la surface de la terre que
de le placer sur les tubercules ; la terre se trouve
ainsi plus régulièrement fumée pour la récolte suivante. On plante en lignes, à environ 10 centimètres
de profondeur et à 35 ou 40 centimètres de distance,
les lignes plantées étant espacées à 66 centimètres
environ. Il vaut mieux employer les tubercules entiers que de les couper ; les morceaux sont plus sujets
à se pourrir. Lorsqu'on veut se servir de tubercules
entiers, il est bon d'employer ceux de moyenne grosseur. On croit que c'est un préservatif de la maladie
que de les faire tremper pendant quelques heures dans
un lait de chaux.

Il en faut ordinairement 14 hectolitres par hectare.

§ 6. D. Quelles sont les façons d'entretien que demande la pomme
de terre ?

R. Les façons d'entretien qu'exigent les pommes de
terre consistent dans un sarclage ou hersage énergique, donné dès que les plantes sont apparentes, et par
un temps sec ; dans une seconde façon donnée à la
main, ou plus économiquement à la houe à cheval,
dans les mêmes conditions de température, trois semaines après la première ; et dans un buttage exécuté

à la main, et mieux au buttoir, lorsque les fleurs commencent à paraître. Il vaudrait mieux avancer ce buttage de quelques jours et en donner un second après la floraison, surtout dans les terrains où lèvent beaucoup de mauvaises herbes.

Quelques cultivateurs prétendent que c'est une méthode préservatrice pour la conservation de la pomme de terre que de couper les tiges après la formation des graines. Comme les plantes vivent par leurs feuilles en même temps que par leurs racines, cette méthode doit diminuer le produit en volume ; mais ce ne serait pas une raison de la négliger, si l'expérience prouve qu'elle contribue à la conservation des tubercules.

§ 7. D. Comment se fait la récolte des pommes de terre, et comment les conserve-t-on ?

R. La récolte des pommes de terre se fait ordinairement lorsque les feuilles jaunissent, avec le hoyau, et quelquefois avec la charrue. Le premier procédé, quoique plus long et plus coûteux, est plus parfait, parce que la terre est remuée bien exactement et qu'il n'y reste plus aucun tubercule. Si l'opération est bien exécutée, la terre se trouve très bien préparée pour être ensemencée. On laisse bien ressuyer les pommes de terre sur le sol, puis on les entasse, bien sèches, dans des caves assez profondes pour qu'elles soient à l'abri de la gelée. Une excellente méthode de conservation est de les couvrir lit par lit avec de la cendre ou de la poussière de charbon. Lorsqu'on n'a plus à craindre les gelées, on les conserve encore longtemps en les transportant sur un plancher où on les remue fréquemment.

§ 8. D. Quel est le rendement de la pomme de terre ?

R. Dans les terrains de consistance et de fertilité moyenne, la pomme de terre rend ordinairement

120 hectolitres par hectare. Ce produit peut s'élever au double dans des circonstances très favorables; il descend rarement au-dessous de 90 hectolitres. Les variétés tardives fournissent, en général, plus que les précoces; mais, par compensation, elles contiennent moins de substances nutritives.

§ 9. D. Quels sont les terrains qui conviennent au topinambour, et quels en sont les avantages?

R. Le topinambour est, de toutes les plantes cultivées pour leurs tubercules ou racines, la moins exigeante; il donne des produits dans les plus mauvais terrains, de quelque nature qu'ils soient d'ailleurs. Il est inutile d'ajouter qu'il réussit d'autant mieux que le sol est meilleur et mieux engraissé. Ses tubercules servent à la nourriture de l'homme et des animaux, surtout des porcs et des moutons, qui les consomment crus ou cuits. Ils ont la propriété de résister aux plus fortes gelées, ce qui permet de ne les récolter qu'à mesure des besoins. Les feuilles du topinambour sont un assez bon fourrage. Il paraît que le fauchage des tiges ne diminue que faiblement le produit des tubercules; si elles atteignent tout leur développement, on peut les employer, soit à chauffer le four, soit comme litière, soit pour ramer les pois ou pour palissades.

§ 10. D. Quelle est la culture du topinambour?

R. La culture du topinambour est la même que celle de la pomme de terre. Il faut 22 hectolitres environ de tubercules par hectare. On choisit ceux qui sont de grosseur moyenne et on les plante sans les diviser, à une distance d'autant plus grande que le terrain est meilleur.

L'inconvénient de cette plante consiste dans la difficulté qu'on éprouve à en débarrasser la terre pour les récoltes suivantes. Les moindres parties de tubercules ou de racines suffisent pour reproduire de nouvelles tiges. On peut cultiver le topinambour constamment sur le même terrain, en le fumant chaque année.

§ 11. D. Comment se fait la récolte et quels sont les produits du topinambour ?

R. Un des principaux avantages de la culture du topinambour, c'est que les tubercules grossissent toujours tant qu'ils sont en terre ; et comme on peut les y laisser sans crainte des gelées, on n'a besoin d'aucun local particulier pour les loger. Si l'on veut les arracher à la fois, il faut avoir soin de les emmagasiner dans un endroit à l'abri de l'humidité, car elle les fait pourrir très vite.

Les produits du topinambour sont presque toujours supérieurs à ceux de la pomme de terre dans les meilleurs terrains, et ils le sont toujours dans les terrains médiocres ou mauvais. C'est une ressource très précieuse pour la nourriture des porcs et des moutons. La maladie des pommes de terre donne une nouvelle importance à la culture du topinambour, qui devrait prendre un accroissement considérable en raison de ses nombreux avantages.

CHAPITRE V. — SUITE DES PLANTES CULTIVÉES DANS LES CHAMPS, DONT LES RACINES, LES FRUITS OU LES FEUILLES SERVENT A L'ALIMENTATION DE L'HOMME.

§ 1. D. Quels sont les terrains et la culture qui conviennent aux navets, raves et rutabagas ?

R. Les raves, navets et rutabagas aiment les terrains profonds et frais, de consistance moyenne. Les terrains d'alluvion sont ceux où ils réussissent le mieux, tant à cause de la qualité du sol que du voisinage des rivières, donnant à l'air une certaine humidité qui leur est très favorable. Cette culture est une très bonne préparation pour les récoltes suivantes.

On cultive les raves, navets et rutabagas de deux manières : comme récolte principale sur un labour d'hiver, ou comme récolte dérobée, après une récolte de printemps.

§ 2. D. Comment cultive-t-on les raves, navets et rutabagas en récolte principale ?

R. La terre ayant été profondément ameublie par un labour d'automne ou d'hiver, on laboure de nouveau en avril, en ayant soin de bien niveler le terrain, de manière à ce que les eaux pluviales ne puissent séjourner nulle part. L'emploi de l'extirpateur est très avantageux pour ces labours, qui doivent être assez fréquents, pour mettre la terre dans un état d'ameublissement complet. Vers le mois de mai, on réitère ce travail ; on fume et on sème le même jour, la terre étant encore suffisamment humide. Le semis en lignes doit toujours être préféré, quand on peut employer la houe à cheval pour les sarclages et binages.

On peut semer ainsi pendant les mois de mai et juin. Le rutabagas peut être semé au moins quinze jours plus tôt. Il faut semer épais pour que les lignes soient bien garnies ; on régularise ensuite la distance en supprimant les plantes qui seraient trop rapprochées. Il est bon de donner une distance de 40 centimètres dans les lignes espacées de 65 centimètres.

Les façons d'entretien des navets, raves et rutabagas cultivés en récolte principale, se bornent à des sarclages et des binages répétés aussi fréquemment

que le demandent l'état du sol, qui doit toujours être
tenu bien meuble, et l'apparition des mauvaises herbes. Une très bonne opération consiste à donner un
hersage énergique dans tous les sens, lorsque les
plantes ont assez de force pour le supporter. On éclaircit ensuite pour donner l'espace convenable. Ces
plantes étant très délicates dans leur première jeu-
nesse, il est essentiel de ne donner le premier sarclage qu'au moment où elles ont deux feuilles un peu
larges. Cette première façon est la plus importante de
toutes.

§ 3. D. Comment cultive-t-on les navets, raves et rutabagas comme
récolte dérobée ?

R. Les navets, raves et rutabagas sont plus généralement cultivés en France comme récolte dérobée
que comme récolte principale. On se borne à donner
un labour profond après l'enlèvement de la récolte
principale à laquelle ces plantes succèdent ; on fume
et on sème ordinairement à la volée, dans le courant
de juillet, sur la terre bien ameublie, et, autant que
possible, par un temps couvert promettant une douce
pluie ; on recouvre par un léger hersage.

Les façons d'entretien se bornent ordinairement à
un sarclage donné quand les plantes ont quatre feuilles. Un fort hersage, pratiqué lorsque les plantes sont
assez fortes pour le supporter, contribue beaucoup
au succès de la récolte.

§ 4. D. Quelle est la manière de récolter, de faire consommer et
de conserver les navets, raves et rutabagas ?

R. Plus tôt on a semé, et plus tôt les plantes sont
bonnes à être récoltées. Une manière très économique de faire consommer ces racines, consiste à y faire
parquer les moutons qui dévorent feuilles et racines ;
le peu qu'ils laissent en terre est utilisé par les porcs
qu'on y fait passer après les moutons ; de cette façon,
le terrain se trouve récolté et fumé à la fois.

Lorsqu'on veut faire consommer les racines à l'étable, on les arrache par un temps sec. On coupe les feuilles qu'on donne aux bestiaux, on place les racines dans un endroit très sec, sur de la paille, et on les recouvre de feuilles sèches ou de paille. Elles se conservent ainsi tout l'hiver, pourvu que l'humidité ne puisse les pénétrer.

§ 5. D. Quels sont les terrains qui conviennent à la betterave ?

R. La betterave aime les sols meubles, profonds, substantiels et frais, tels que les terres d'alluvion ; les terres argileuses, marneuses et très calcaires lui conviennent beaucoup moins. Elle prospère sous les climats les plus variés. La maladie de la pomme de terre et celle de la vigne donnent une double importance à la betterave, qui est à la fois une plante alimentaire et une plante dont on fait du sucre et de l'alcool. Les produits sont d'autant plus riches en matières nutritives et sucrées, que les betteraves sont cultivées sur des terrains plus sablonneux.

Le sol destiné à la betterave doit être, dès l'hiver, labouré profondément, et assez fréquemment, pour obtenir un ameublissement aussi complet que possible, ce qui est essentiel pour que les racines puissent bien pénétrer en terre et être bien unies. Comme la betterave est une plante épuisante, on doit fumer avant le labour du printemps, et, autant que possible, avec des engrais bien consommés. La quantité à employer est la même que pour le froment. On herse et on roule ; on herse encore pour que toutes les mottes soient bien écrasées.

§ 6. D. Comment sème-t-on la betterave ?

R. On sème la betterave dès que la terre, préparée comme on vient de le dire, a assez de chaleur et conserve assez d'humidité pour favoriser la naissance et activer la végétation de la plante. Il est toujours préférable de semer en lignes, à raison de 5 ou 6 kilogrammes de graines par hectare. On trace de petits sillons de 5 à 6 centimètres seulement de profondeur, et à 65 centimètres les uns des autres ; une femme ou un enfant suit la charrue et dépose trois ou quatre graines ensemble à 35 centimètres environ de distance. On emploie fréquemment le cordeau, à l'aide duquel on trace à la houe un petit sillon, et l'on opère comme il vient d'être dit. Pour obtenir un espacement tout-à-fait régulier, on peut se servir d'un double plantoir dont les deux pieds sont à la distance voulue ; on l'emploie comme un compas, et l'on met deux ou trois graines dans chaque trou, qui ne doit d'ailleurs pas avoir plus de 5 à 6 centimètres de profondeur ; on recouvre ensuite avec le pied ou avec la houe, et mieux avec une poignée de bon terreau.

§ 7. D. Ne peut-on pas transporter ou repiquer les betteraves ?

R. La méthode de repiquer le plant de betteraves se pratique ainsi : lorsque le plant, obtenu sur un terrain très riche, est de la grosseur du doigt, on exécute l'opération au plantoir ou à la charrue, vers la fin de mai, par un temps pluvieux, la terre étant d'ailleurs parfaitement préparée, comme on l'a dit pour le semis en place. On donne au plantoir la longueur qui doit se trouver entre les plants. L'ouvrier dépose un plant dans le trou, et presse la terre contre la racine, en enfonçant le plantoir tout autour, et en appuyant le pied tout près pour affermir la terre. Une très bonne pratique consiste à remplir le trou avec du terreau et à arroser avec du purin.

§ 8. D. Quelles sont les façons d'entretien que demande la betterave ?

Plus on sarcle, plus on bine fréquemment les betteraves, et mieux elles prospèrent ; c'est pourquoi il est très avantageux de les cultiver en lignes pour permettre l'emploi de la houe à cheval. Il est très essentiel de donner le premier sarclage dès qu'on peut bien distinguer les plantes, et de répéter cette opération assez souvent pour qu'aucune mauvaise herbe ne puisse se développer, et que le terrain ne fasse jamais croûte. On éclaircit le plant lors du deuxième sarclage.

§ 9. D. Comment récolte-t-on et fait-on consommer la betterave, et quel en est le produit ?

R. La betterave se récolte en septembre et octobre ; il suffit souvent de la tirer hors de terre. Il est bon d'opérer par un temps sec, pour que la terre qui s'attache aux racines puisse être enlevée facilement sans les frapper l'une contre l'autre, ce qui les meurtrit et les fait pourrir. On procède au décolletage immédiatement après l'arrachage ; puis, lorsqu'elles sont bien ressuyées, on les emmagasine comme il a été dit pour les raves.

Dans les sols assez fertiles pour donner de 16 à 20 hectolitres de froment par hectare, les betteraves produisent environ 22,000 kilogrammes de racines ; dans les sols plus fertiles, elles peuvent atteindre un produit de 50,000 kilogrammes et plus.

CHAPITRE VI. — SUITE DES PLANTES CULTIVÉES DANS LES CHAMPS, DONT LES RACINES, LES FRUITS OU LES FEUILLES SERVENT A L'ALIMENTATION DE L'HOMME.

§ 1. D. Quels sont les terrains qui conviennent à la culture de la carotte et du panais ?

R. La carotte et le panais, comme presque toutes

les plantes dont la racine est le principal produit, demandent un sol profond et meuble qui ne soit exposé ni à la sécheresse ni à trop d'humidité, et dont la consistance ne soit pas trop forte pour s'opposer au libre développement des racines. On doit éviter pour cette récolte les terrains pierreux. L'humidité ne lui est contraire que lorsqu'elle est permanente, par suite de l'imperméabilité du sous-sol.

Pour que la culture des carottes et des panais soit avantageuse, il faut que le terrain soit engraissé avec du fumier bien consommé. Le mieux serait de les cultiver après une récolte largement fumée, et d'en activer la végétation par des engrais en poudre, tels que la colombine, la poudrette et le noir animal, répandus dans la raie avec les semences. La terre doit recevoir des labours très profonds et assez fréquents pour que, selon sa nature, elle soit bien ameublie dans toute l'épaisseur de la couche arable. Ces plantes se cultivent en récolte principale, ou associées à une autre récolte.

§ 2. D. A quelle époque et de quelle manière se sèment les carottes et les panais cultivés en récolte principale?

R. Les carottes et les panais, cultivés en récolte principale, se sèment avec succès, selon l'état du terrain et de la température, depuis la fin de février jusqu'à la mi-avril. On doit semer en lignes pour pouvoir donner de meilleures façons d'entretien. Avant de semer, on frotte fortement les graines pour les débarrasser de leurs aspérités, et qu'ainsi préparées, elles puissent mieux couler, et ne s'attachent pas les unes aux autres. On emploie de 200 à 250 grammes de graines par hectare. Les lignes devront être espacées de 65 centimètres ; on sème assez épais dans les lignes, sauf à arracher les plantes qu'il y aurait de trop.

Il est convenable qu'elles soient espacées à 20 centimètres les unes des autres.

§ 3. D. Quelles sont les façons d'entretien qu'exigent les carottes et les panais ?

R. Les carottes et les panais sont peut-être, de toutes les plantes sarclées, celles qui craignent le plus les mauvaises herbes. La végétation de ces plantes est lente jusqu'aux chaleurs ; c'est à cette première époque de leur existence qu'il est essentiel de tenir constamment le terrain bien net par de fréquentes façons. On donne un premier sarclage à la main et à reculons pour ne pas piétiner le terrain, dès qu'on peut distinguer les plantes ; quand elles ont poussé plusieurs feuilles, on donne un hersage ; après cette opération, si elle a été faite à propos, les plantes poussent rapidement. On peut alors employer avec avantage la houe à cheval pour les binages, et en sarclant à la main dans le sens des lignes, on aura soin d'enlever les plantes trop rapprochées, de manière qu'il y ait environ vingt centimètres de distance entre elles. On réitère les sarclages et binages aussi souvent que le demanderont la première apparition des mauvaises herbes et l'état du terrain, qui ne doit jamais former croûte.

§ 4. D. Comment se cultivent la carotte et le panais mêlés à une autre récolte ?

R. Quand on sème la carotte et le panais dans une récolte de blé, on sème à la volée en doublant la quantité de semence, parce qu'alors toutes les graines ne germent pas, et on enterre en donnant un sarclage à la main ou bien un hersage qui est très profitable à la récolte principale. Après l'enlèvement de celle-ci, on donne plusieurs hersages dans tous les sens, afin d'enlever tout le chaume et faire périr les mauvaises herbes ; on éclaircit le plant, on enlève tous les débris amoncelés par les hersages, et on bine aussi souvent que l'exigent l'état du sol et les mauvaises herbes. Dans cette méthode de culture, on laisse les plantes plus épaisses parce qu'elles viennent moins grosses.

§ 5. D. Comment se récoltent et se conservent les carottes et panais, et quel en est le rendement ?

R. La carotte et le panais ne redoutent pas les premières gelées ; on peut donc attendre jusqu'en octobre et novembre pour les récolter, si l'on se propose de les faire suivre d'une récolte de printemps. On peut arracher ces plantes à la charrue, lorsque le semis s'est fait en lignes ; mais on les arrache le plus souvent à la main. On les laisse exposées quelques heures au soleil, puis on coupe les tiges, qui sont un excellent fourrage. Il faut, en le faisant, entamer les racines au-dessous du collet pour qu'elles ne poussent plus. On les emmagasine lorsqu'elles sont parfaitement ressuyées. Elles se conservent comme les pommes de terre ; elles redoutent moins les gelées, et ne poussent pas si le collet a été profondément entamé.

Le produit est à peu près le même que pour les pommes de terre. Dans les terres médiocres, le panais produit un peu moins que la carotte, mais il lui est supérieur dans les terres très fertiles.

§ 6. D. Quelle est la culture des choux ?

R. Les choux demandent un terrain substantiel et frais ; les sols riches nouvellement défrichés leur conviennent particulièrement. On sème en pépinière, dans une terre très engraissée, légère et très ameublie, du 15 août au 15 septembre, pour transplanter à l'arrière-saison ; ou bien on sème au commencement du printemps, pour transplanter dès que le plant est assez fort. Il faut arroser régulièrement ces semis, si le temps est sec. On plante les choux, comme il a été dit pour les betteraves, à une distance proportionnée au développement qu'ils doivent atteindre. La distance ordinaire est de 50 à 75 centimètres en tout sens. On arrose aussi souvent qu'il en est besoin pour assurer la reprise. Les façons d'entretien se bornent à quelques binages.

Certaines espèces de choux, tels que les milans et pancaliers, peuvent impunément rester en place tout l'hiver. On conserve les autres, soit en les couchant dans la direction du nord avant les gelées, et en couvrant la racine de terre, soit en les entassant les uns sur les autres et les couvrant de feuilles sèches ou de paille.

§ 7. **D.** Comment se cultivent les citrouilles, les courges et les potirons ?

R. On creuse de petites fosses ou *augets* d'un mètre carré et d'une profondeur de 50 centimètres ; on les remplit de fumier bien consommé ou de terreau, et l'on y sème quatre ou cinq graines ; on ne laisse ordinairement que deux ou trois pieds par fosse, mais il vaut mieux en supprimer quelques-uns que de s'exposer à avoir besoin d'en transplanter de nouveaux qui ne réussissent jamais aussi bien. On cueille ensuite les citrouilles et potirons à mesure qu'ils mûrissent ; on les laisse se ressuyer et on les retire avant les gelées, dans un lieu sec et abrité.

C'est une précieuse ressource alimentaire pour les hommes et les animaux ; leurs graines fournissent une huile de très bonne qualité dans la proportion de près du tiers de leur poids.

§ 8. **D.** Comment se cultivent l'ognon et l'ail ?

R. L'ognon aime une terre franche, douce, substantielle et fumée à l'avance avec de l'engrais bien consommé ; celui de mouton est le meilleur. La terre doit être parfaitement ameublie par les labours préparatoires. On sème en pépinière, et on transplante en avril, à 18 centimètres de distance en tout sens, par planches de 1 mètre 50 centimètres de largeur, séparées par un sentier d'où l'on puisse éclaircir et sarcler le plan. On recouvre de quelques centimètres de bonne terre bien pulvérisée, et mieux, avec du terreau. On hâte la maturité des ognons en renversant les tiges, ce qui arrête la végétation des feuilles. Cette opération se fait économiquement au moyen du rouleau.

On conserve les ognons en les suspendant par les feuilles tressées en bottes, dans un lieu sec et bien aéré.

L'ail se cultive de la même manière, excepté qu'au lieu de le transplanter on plante les caïeux à 15 centimètres au moins en tout sens.

QUATRIÈME PARTIE.

SCIENCE DES PLANTES UTILES ET DE LEUR CULTURE.

DEUXIÈME SUBDIVISION.

Plantes cultivées dans les champs, et propres à des usages industriels ou économiques.

D. Quelles sont les plantes cultivées dans les champs, et qu'on emploie à des usages industriels ou économiques ?

R. Les plantes industrielles ou économiques cultivées dans les champs, sont : 1° les plantes à huile,

telles que le colza, la navette, et quelques autres ;
2° les plantes filamenteuses, comme le lin, le chanvre;
3° les plantes à teinture, et celles dont l'usage s'applique à quelques autres destinations, comme la garance, le pastel, la gaude, le houblon, le tabac, la
cardère à foulon, la chicorée, etc.

CHAPITRE I. — PLANTES A HUILE.

§ 1. D. Qu'est-ce que le colza, et quels en sont les usages?

R. Le colza est une espèce de chou, cultivé principalement pour ses graines, qui donnent une huile
d'assez bonne qualité, dans la proportion du tiers environ de leur poids. Il est aussi cultivé comme fourrage. Les tourteaux formés du résidu de ses graines
engraissent très bien le bétail de toute espèce ; c'est
aussi un puissant engrais pour les terres ; mais on a
vu dans la partie des engrais que cet emploi n'est pas
économique. Les tiges servent à faire la litière ou à
chauffer le four. Il y a deux espèces de colza, celui
d'hiver et celui de printemps ; le premier, plus productif, occupe le terrain d'un été à l'autre ; le second
mûrit dans la même année où il est semé.

C'est une plante épuisante qui aime un terrain
meuble, profond, substantiel et largement fumé.

§ 2. D. Quelle est la culture du colza d'hiver ?

R. Le colza d'hiver se cultive de deux manières :
par les semis en place ou par les repiquages. Par la
première méthode, on sème vers la fin de juillet ou
au commencement d'août, à la volée, ou mieux en
rayons espacés d'environ 50 centimètres, et de manière
que les graines soient à 4 centimètres de distance
dans la raie. On trace ces petits sillons, soit à la petite
charrue, soit à la houe, à l'aide du cordeau. On re-

couvre par un léger coup de herse, ou simplement avec le râteau; puis on roule, et on trace des sillons pour faciliter l'écoulement des eaux pluviales. On emploie 6 ou 7 litres de graine par hectare, pour le semer à la volée; et la moitié tout au plus pour le semer en lignes. On conseille de faire tremper les graines pendant vingt-quatre heures dans une forte saumure, pour éviter les ravages d'un insecte appelé *altise bleue* ou *tiquet,* très nuisible au colza.

§ 3. **D.** Comment cultive-t-on le colza d'hiver par le repiquage?

R. Quand on veut cultiver le colza d'hiver par le repiquage, on se sert de plant obtenu par le semis en pépinière fait en juillet, et sur la terre bien préparée et engraissée comme pour le semis en place, on transplante, comme il a été dit pour la betterave, au mois de septembre et d'octobre. On met ordinairement les tiges à 50 centimètres de distance. Cet espacement doit être plus ou moins considérable, en raison du plus ou moins de fertilité du sol.

§ 4. **D.** Quelles sont les façons d'entretien qu'exige le colza d'hiver?

R. Le colza d'hiver demande à être éclairci et biné de bonne heure en automne. Sur les semis à la volée, on se sert avec avantage, pour donner la première façon, d'un extirpateur auquel on ne laisse que les pieds de derrière. On obtient ainsi une régularité suffisante dans l'espacement des plantes qui restent. Dans les semis en lignes, le binage se donne à la houe à cheval; on éclaircit, et l'on bine à la main dans les lignes. On réitère ces binages avant l'hiver, et en mars et avril on en donne deux autres.

§ 5. **D.** Comment se cultive le colza de printemps?

R. Le colza de printemps n'est cultivé qu'en semis

sur place, exécuté le plus souvent à la volée, vers la
fin d'avril ou au commencement de mai, sur la terre
préparée et engraissée convenablement. On emploie
environ onze litres de semence par hectare. Il est rare
qu'on bine et qu'on butte le colza de printemps.

§ 6. D. Comment se fait la récolte du colza et quels en sont les
produits?

R. On récolte le colza dès que ses tiges deviennent
jaunâtres et que les graines sont brunes. On le coupe
à la faucille et on le dépose par poignées sur le sol.
Quand le temps est très sec, on ne coupe le colza que
dans la matinée, pour ne pas perdre de graines. Dès
que le colza est assez sec, on le bat ordinairement
dans le champ même, sur de grandes toiles, comme
le sarrasin. Lorsque le temps ne permet pas de battre,
dès que le colza est assez sec, on le met en petits
meulons qu'on recouvre au besoin d'un capuchon de
paille, et, lorsque le moment de battre est venu, on
enlève le meulon en entier sans le démonter, pour ne
pas perdre de graines, en le faisant culbuter sur une
bâche, et on le transporte ainsi au lieu où l'on veut
battre. On vanne ordinairement la graine sur le lieu
même. Plusieurs cultivateurs ne la vannent au contraire qu'au moment de la vendre, pensant qu'elle se
conserve mieux lorsqu'elle est mêlée d'un peu de
menue paille. Dans tous les cas, on l'étend par couches minces, au grenier, et on la remue fréquemment,
car elle est sujette à l'échauffement.

Dans les terrains qui lui conviennent, le colza
d'hiver, semé en lignes, produit environ 30 hectolitres
par hectare, et le colza semé à la volée, 18 hectolitres
environ.

Le colza de printemps produit ordinairement, dans
les mêmes terrains, environ 15 hectolitres par hectare.

§ 7. D. Qu'est-ce que la navette, et quels sont les terrains qui lui conviennent ?

R. La navette est, comme son nom l'indique, une espèce de navet qu'on cultive pour ses graines, qui donnent une huile de même qualité et dans les mêmes proportions que le colza.

Il y en a deux variétés : celle d'hiver et celle de printemps. Elle est moins exigeante que le colza sur la qualité du terrain et pour les soins de culture. Elle peut, à la rigueur, se contenter d'une terre légère, pourvu qu'elle soit convenablement fumée.

§ 8. D. Quels sont les modes d'ensemencements, les façons d'entretien, la manière de récolter, et le produit de la navette ?

R. La navette se sème à la volée, à raison de 6 ou 7 litres par hectare, celle d'hiver au mois d'août, et celle de printemps vers le mois de mai. Dans quelques contrées, on sème la navette en mars dans les avoines, ou en juin et juillet dans les sarrasins. On éclaircit et on bine comme il a été dit pour le colza. La navette de printemps sert surtout à remplacer une récolte qui aurait manqué. Elle n'occupe pas le sol pendant trois mois. Ce qui a été dit de la récolte, du battage et de la conservation du colza, s'applique à la navette. Son produit est de 16 à 20 hectolitres par hectare pour la navette d'hiver, et de 12 à 15 pour celle de printemps.

§ 9. D. Qu'est-ce que la caméline, quels sont les terrains qui lui conviennent et quels en sont la culture et les produits ?

R. La caméline est une plante de l'espèce des choux, cultivée pour l'huile bonne à brûler qu'on extrait de ses graines, dans la proportion de près du tiers de leur poids.

Cette plante aime les sols légers, et réussit assez bien dans presque tous les terrains, pourvu qu'elle soit convenablement fumée et soignée. On peut semer la caméline sur un terrain bien préparé et fumé, jusqu'en juin et juillet. L'époque ordinaire est le mois de mai. Elle se sème à la volée, 4 kilogrammes de graines suffisent par hectare. Lorsque la caméline est levée, on l'éclaircit de manière à ménager une distance de 17 centimètres entre chaque pied, et on la sarcle une seconde fois. On peut l'associer à la moutarde blanche qui mûrit en même temps ; l'huile des deux plantes étant d'ailleurs de même qualité. Ce qui a été dit de la récolte et du battage du colza s'applique à la caméline. Elle produit seule 15 hectolitres environ par hectare, et 18 environ lorsqu'elle est associée à la moutarde blanche.

§ 10. D. Comment se cultivent la moutarde blanche et la moutarde noire, et quels en sont les produits?

R. La moutarde blanche et la moutarde noire se cultivent de la même manière, et l'huile qu'on retire de leurs graines est de la même qualité que celle du colza. La première est moins difficile que la seconde pour la qualité du terrain. Elles sont cependant épuisantes l'une et l'autre, et demandent en conséquence une terre bien ameublie et fortement engraissée. La moutarde blanche se sème en avril, et la noire en mars, tantôt à la volée, à raison de 6 kilogrammes par hectare, tantôt à rayons, à raison de 4 kilogrammes seulement. On éclaircit et on bine selon le besoin. On récolte dès que les tiges deviennent jaunes ; on met les javelles en tas, et on laisse mûrir un mois environ dans le tas, autrement on perdrait une grande quantité de graines. On bat en frappant les plantes avec des baguettes flexibles. Le rendement de la moutarde ne dépasse pas 15 hectolitres par hectare. La graine de moutarde a une valeur assez élevée, à cause de son emploi pour la fabrication de la moutarde et de son usage en médecine.

§ 11. D. Qu'est-ce que le pavot ou œillette, et quel est le terrain qui lui convient ?

R. Le pavot ou œillette est une plante de 1 mètre à 1 mètre 30 centimètres de hauteur, à racines pivotantes, dont les graines donnent une huile de bonne qualité, dans la proportion de près du tiers de leur poids. Il y en a trois variétés : le pavot ordinaire à graines grises, le pavot aveugle, dont les capsules ne sont pas ouvertes, et le pavot à graines blanches, contenues dans de très grosses capsules fermées. C'est le premier qui est le plus généralement cultivé comme plante à huile. Le pavot blanc l'est surtout pour l'usage qu'on fait en médecine de ses capsules mûres, et pour le suc épaissi qu'on en retire pendant qu'elles sont vertes, en leur faisant des incisions successives; c'est la substance qu'on appelle *opium*. Le pavot aime un terrain doux, léger mais substantiel, très profondément ameubli et richement engraissé.

§ 12. D. Quelle est la culture du pavot ?

R. Le pavot se sème selon les climats, ou plutôt selon les usages des lieux, depuis l'automne jusqu'à la fin du printemps. Les semis de septembre ou d'octobre paraissent être les plus avantageux, toutes choses égales d'ailleurs. Le pavot se sème à la volée, à raison de 2 kilogrammes environ par hectare. On l'enterre par un très léger hersage, et on roule. C'est après une récolte fourragère que le pavot réussit le mieux. On donne deux ou trois binages, selon le besoin, et au second, on éclaircit les plantes de manière à ce qu'elles soient à 20 centimètres l'une de l'autre. Quelquefois on sème des carottes avec le pavot, mais alors il n'est pas possible de lui donner d'aussi bons sarclages.

§ 13. D. Comment se récolte le pavot, et quel en le produit?

R. La récolte du pavot se fait quand les capsules deviennent grises; alors on arrache les tiges, on les lie par poignées sans les incliner, et on les réunit debout par faisceaux; ou bien on coupe les têtes sur place et on les transporte sur des draps, dans un grenier sec et bien planchéié, pour laisser achever la dessication. On bat les capsules soit au fléau, soit avec un petit bâton; ou bien on les égrène une à une à la veillée. Le produit varie entre 15 et 20 hectolitres par hectare.

§ 14. D. N'y a-t-il pas d'autres plantes dont les graines donnent de l'huile?

R. Il y a encore beaucoup d'autres plantes dont les graines donnent de l'huile; on parlera du lin et du chanvre au chapitre des plantes filamenteuses; les choux, les raves, la julienne, le tournesol et quelques autres, produisent des graines à huile; mais les essais qu'on a faits n'ont pas produit de résultats assez avantageux pour qu'on s'attache à leur culture sous ce rapport.

CHAPITRE II. — PLANTES FILAMENTEUSES.

§ 1. D. Quelles sont les différentes espèces de lin?

R. Il y a plusieurs variétés de lin, qu'on désigne selon les lieux où elles sont cultivées avec le plus de succès, comme *lin de Riga, lin de Flandre, lin de Maine-et-Loire*; mais toutes ces variétés peuvent se réduire pour l'agriculteur au lin d'hiver et au lin d'été. Le premier est moins difficile que le second pour le choix du terrain.

Il exige un sol frais, substantiel et de consistance moyenne. Il réussit très bien sur les terres d'alluvion, sur les prairies naturelles ou artificielles rompues, bien ameublies ; les terres grasses, humides, quoique un peu fortes, conviennent aussi fort bien à la culture du lin dans les années de sécheresse. Le lin n'aime pas à revenir sur le même terrain avant quatre ou cinq ans. La variété d'été ne réussit bien que sur les terrains parfaitement ameublis et très fertiles.

§ 2. D. Quelle est la meilleure préparation à donner aux terrains destinés à la culture du lin ?

R. Les labours préparatoires pour la culture du lin varient en raison de la nature du sol et de l'état où l'ont laissé les récoltes précédentes. L'essentiel est que la terre soit ameublie aussi profondément et aussi exactement que possible. Le premier labour, exécuté à la bêche, est encore la meilleure préparation de toutes. La récolte précédente a dû être richement fumée ; si l'on appliquait l'engrais directement au lin, la végétation de cette plante ne serait pas uniforme, ce qui serait un grave inconvénient. On ne fume donc pas le lin, et on divise ordinairement le terrain en planches séparées par des sillons d'écoulement, à des intervalles proportionnés au plus ou moins de dispositions qu'il a à retenir les eaux pluviales. Dans certaines localités, au contraire, on dispose le sol à plat, pour lui conserver le plus d'humidité possible. Les engrais liquides ou en poudre conviennent très bien au lin, pourvu qu'ils soient appliqués très uniformément sur les plantes, au moment où commence la végétation, au printemps.

§ 3. D. A quelle époque et de quelle manière sème-t-on le lin, et quels sont les travaux d'entretien qu'il exige ?

R. Les lins d'hiver se sèment au commencement de l'automne ; ceux d'été, de mars en mai, à la volée, et

par un beau temps. On emploie environ deux hectolitres de semence par hectare. On ne saurait mettre
trop de soin dans le choix de la graine, car elle est
sujette à dégénérer promptement : la bonne graine
est pesante, grosse et luisante; la plus fraîche est la
meilleure. On recouvre la semence à la herse, ou
mieux, au râteau. Le plus souvent, le lin n'exige aucune façon d'entretien. Les cultivateurs soigneux sar-
clent une ou deux fois. Sur les fonds riches, où le
lin devient très haut, on a soin de le ramer au moyen
de menus branchages ou de piquets plantés de distance en distance, auxquels on fixe des cordes de
paille, ou des liens en osier ou autre bois flexible.

§ 4. D. Comment se fait la récolte du lin ?

R. Si l'on cultive le lin pour ses graines, il faut les
laisser parfaitement mûrir sur pied, et alors la filasse
est de moins bonne qualité; pour profiter à la fois de
la filasse et de la graine, sans trop sacrifier l'une à
l'autre, on récolte le grain lorsque les tiges prennent
une couleur jaune et que les premières semences sont
brunes. On arrache le lin par poignées, on en forme
des bottes qu'on laisse sécher quelques jours, puis on
en fait de petites meules. Quelque temps après on sépare la graine en battant les poignées avec un petit
bâton.

Dans les bonnes années et sur les terrains qui lui
conviennent, le lin produit ordinairement par hectare 5 à 6 hectolitres de graines, et de 3 à 5 quintaux
de filasse qu'on obtient par le rouissage.

§ 5. D. En quoi consiste l'opération appelée rouissage ?

R. On appelle rouissage l'action successive de la
rosée, de la pluie, du soleil, sur les tiges du lin et du
chanvre qu'on a étendues sur le gazon. Le rouissage
se fait d'autant mieux que les tiges du lin ou du chan-

vre sont moins amoncelées. Quand elles sont assez rouies d'un côté, on les retourne de l'autre. Le rouissage est suffisant lorsque l'intérieur de la tige se casse nettement lorsqu'on veut la ployer, et que les fils se détachent facilement du bois sans se rompre. Lorsque ce moment est arrivé, ce qui a lieu dans l'espace de trois à six semaines, selon la température, on se hâte d'enlever les tiges après les avoir fait sécher sur le lieu même, en les dressant en bottes les unes contre les autres. Puis on les lie par poignées, qu'on réunit en assez forts paquets et qu'on place à l'abri, dans un lieu très sec et très aéré, jusqu'au broyage.

§ 6. D. Quels sont les terrains qui conviennent au chanvre, et quelle en est la culture?

R. Le chanvre est une plante épuisante. Il exige un sol profond, substantiel et frais, de consistance moyenne, parfaitement ameubli, et engraissé de longue main par de fréquentes et abondantes applications de fumiers bien consommés. Plus le terrain se rapprochera, par ses qualités, du terreau pur, et mieux le chanvre réussira. On peut d'ailleurs le cultiver constamment sur le même terrain, qu'on appelle alors *chenevière*, et c'est ce qui arrive le plus souvent, car il est difficile d'en trouver beaucoup de convenables à cette culture. Seulement les chenevières demandent à être chaque année profondément défoncées et largement fumées. Toutefois, lorsqu'on peut disposer d'une suffisante étendue de terrain favorable, il vaut mieux ne cultiver le chanvre que de deux années l'une, sur le même sol. Il se sème ordinairement en avril et en mai, sur un terrain parfaitement ameubli, à raison de 5 à 6 hectolitres par hectare, et l'on recouvre au râteau. C'est une très bonne méthode de répandre sur le semis de la menue paille, de la chenevotte, ou autres débris, pour tenir la surface fraîche et protéger le jeune plant. Le choix de la semence est très important. Les façons d'entretien sont ordinairement nulles. Cependant, quand les chanvres sont un peu clairs, des sarclages sont utiles. Quand on peut les arroser, surtout avec du purin étendu d'eau, on en active considérablement la végétation. Les oiseaux sont très avides de chenevis, on les écarte par des mannequins de paille.

§ 7. D. Comment se récolte le chanvre?

R. Chaque tige de chanvre ne porte pas à la fois des fleurs et des graines. Les unes portent des fleurs et les autres des graines. On appelle les premières, *chanvre mâle*, et les secondes, *chanvre femelle*. Dans la pratique, on confond souvent ces deux dénominations, en appelant chanvre femelle celui qui porte les fleurs. On arrache le chanvre mâle dès que la fleur est passée, et qu'il commence à jaunir par le haut. Le chanvre femelle, qui porte les graines, n'est mûr que cinq ou six semaines après; on l'arrache quand les graines commencent à brunir. On le lie par petites bottes que l'on réunit en meulons pour que la graine puisse achever de mûrir. Pour extraire la graine et faire rouir on se sert des procédés indiqués pour le lin.

Le chanvre cultivé pour la filasse ne donne guère plus de graines que la semence, c'est-à-dire de 5 à 6 hectolitres par hectare. Il donne de 5 à 6 quintaux métriques de filasse. Si l'on avait pour but la production de la graine, on devrait semer beaucoup plus clair, et alors on récolterait une bien plus grande quantité de chenevis.

§ 8. D. N'y a-t-il pas d'autres plantes filamenteuses dont la culture serait avantageuse?

R. Il y a sans doute d'autres plantes filamenteuses que le lin et le chanvre ; mais les unes, comme le cotonnier, exigent un climat plus chaud que la France centrale, et les autres n'offrent pas assez d'avantage pour entrer dans la culture. Dans les contrées où on élève des vers à soie, on pourrait retirer une filasse de très bonne qualité de l'écorce des branches de mûrier qui sont coupées lorsqu'on veut ravaler les arbres. Comme les branches sont alors parfaitement en sève, il est facile de les dépouiller de leur écorce, qu'on fait d'ailleurs rouir comme le lin.

Comme ce traité est surtout un ouvrage pratique, on n'y traitera pas de la culture des plantes servant à la teinture, telles que : la garance, le safran, le pastel et la gaude, non plus que de celle du houblon, du tabac et de la cardère à foulon, parce que la culture de ces plantes étant restreinte à une très petite étendue et seulement à quelques contrées particulières, ne saurait devenir assez usuelle pour avoir un caractère d'utilité générale.

QUATRIÈME PARTIE.

SCIENCE DES PLANTES UTILES ET DE LEUR CULTURE.

TROISIÈME SUBDIVISION.

Plantes servant à la nourriture des animaux.

CHAPITRE I. — PATURAGES.

§ 1. D. Quelles sont les plantes qui servent à la nourriture des animaux ?

R. Les plantes qui servent à la nourriture des animaux, soit qu'on les cultive par espèces ou mélangées, soit qu'elles croissent naturellement dans les pâturages ou les prés, et qu'on ne fasse que leur donner des soins d'entretien, d'irrigation ou de préparation, sont innombrables. On ne parlera nominativement ici que de celles qui sont cultivées à part, et qui constituent les prairies artificielles. On ne reviendra pas, non plus, sur ce qui a été dit de la culture des plantes dont les racines, les fruits ou les feuilles servent à la nourriture de l'homme, et qui conviennent si bien aussi à celle des animaux ; mais on traitera, avec les développements que comporte le sujet et le cadre de ce Manuel agricole, de la formation des pâturages, des prairies naturelles et artificielles, et des soins de toute espèce qu'il est utile de leur donner.

§ 2. D. Quelle est l'utilité des pâturages et des prairies naturelles et artificielles ?

R. Sans bétail, pas de fumiers ni de labours ; sans fumiers ni labours, pas de récoltes. Il est donc de la plus grande importance d'entretenir le plus de bétail possible, et comme les pâturages et les prairies naturelles et artificielles en donnent le moyen, on peut dire avec raison que là est le principe et le fondement de toute l'agriculture.

Cette vérité a été reconnue de tous temps. Caton, l'un des hommes les plus sages de Rome et l'oracle de son temps, disait que pour devenir bien riche, il fallait bien paître (c'est-à-dire nourrir beaucoup de bétail); pour être moyennement riche, moyennement paître; et pour être riche, paître ou même mal paître. Voulant dire par là que l'élève et l'entretien du bétail était la source de toute prospérité agricole. Citons aussi les paroles de l'illustre Sully, le plus sage ministre du plus populaire de nos rois : *Le labourage et le pastourage,* disait-il, *voilà les deux mamelles dont la*

France est alimentée, les vraies mines et trésors du Pérou.

§ 3. D. Que comprend-on particulièrement par la désignation de pâturages ?

R. Par la désignation de pâturages, on comprend particulièrement les terrains qui, n'étant pas soumis à la culture, produisent naturellement des herbages qu'on fait paître par le gros et par le menu bétail. L'utilité de ces pâturages a beaucoup perdu de son importance depuis l'introduction en agriculture des prairies artificielles et des racines fourragères. Toutefois, il y a beaucoup de terrains sur des montagnes ou des pentes escarpées ou pierreuses, où la charrue ne pourrait marcher, et qu'on ne peut utiliser qu'en semis d'arbres ou en pâturages ; et dans beaucoup de circonstances, ces terrains ne demandant que peu ou point de travail ou d'entretien, donnent à l'agriculteur un profit plus considérable que d'autres natures de fonds en culture. Il est certain, en effet, que les résultats qu'on obtient sans dépense sont les plus assurés.

§ 4. D. Quels sont les terrains qu'il convient de laisser ou de convertir en pâturages ?

R. Les terrains qu'il convient de laisser ou de convertir en pâturages sont : les montagnes et les hauteurs des collines escarpées, surtout à l'exposition du nord ; les terrains en pente qui sont trop pierreux, ou qui n'ont pas assez de profondeur pour que le défoncement en soit profitable ; ceux qui sont trop éloignés pour être exploités utilement par la culture ordinaire.

Les pâturages sont d'autant meilleurs qu'ils contiennent plus de sources dont on puisse utiliser les eaux pour leur irrigation. Il est rare qu'on obtienne de bons pâturages permanents sur les sols qui ne produisent pas naturellement un bon gazon.

Indépendamment des pâturages qu'il convient de maintenir ou d'établir sur les terrains de la nature de ceux dont on vient de parler, on consacre parfois avec beaucoup d'avantages à la même destination d'excellents fonds où l'herbe est d'une qualité supérieure et pousse avec une richesse de végétation remarquable. C'est sur ces sortes de pâturages qu'on désigne plus particulièrement par le nom d'*herbages*, qu'on engraisse d'ordinaire les bêtes à cornes destinées à la boucherie pendant l'été.

§ 5. D. Quelle est la manière de créer de bons pâturages?

R. Sur les sols les plus propres à être convertis en pâturages, il suffit souvent d'épierrer et de niveler le terrain, et sans autre préparation ni ensemencement, il se couvre spontanément d'un gazon épais et succulent. Ce sont là les meilleurs pâturages.

Ailleurs, il est nécessaire de répandre de la graine de foin sur le sol convenablement préparé. La première condition de succès, c'est que les eaux puissent s'écouler facilement. Pas de bons pâturages, pas de bons prés, partout où il y a stagnation des eaux. Il est donc essentiel d'opérer dans la formation des pâturages selon les indications qui ont été données, lorsqu'il a été question des travaux agricoles ayant pour objet de disposer le sol à la culture. Ces travaux préparatoires une fois faits, on sème la graine de foin, soit à l'automne, soit au printemps. Dans le premier cas, qui est presque toujours le plus favorable, parce qu'on obtient des produits plus prompts et plus abondants, on sème la graine de foin seule; dans le second, c'est ordinairement sur une avoine ou sur un blé qu'on la répand. Dans les deux cas, on recouvre par un léger hersage ou par un roulage, quelquefois même on laisse à une pluie imminente le soin de l'enterrer. Une excellente méthode consiste à herser d'abord la récolte dans laquelle on fait ces semis. La levée de la graine est alors à peu près certaine. Si l'on emploie plusieurs espèces de graines, on sème d'abord les plus volumineuses, qu'on recouvre par un premier hersage ; puis on mêle les autres, lorsqu'elles sont de même nature, et on les enterre par un hersage plus léger.

§ 6. D. Quels sont les soins à prendre dans le choix des semences, et quelle est la quantité qu'on en doit employer ?

R. Il est difficile de pouvoir se procurer une quantité un peu considérable de bonnes graines. Lorsqu'on veut créer des pâturages ou des prés naturels, et qu'on veut être assuré des espèces de graines qu'on sème, il faut, ou les acheter, ce qui est le plus court, ou s'y prendre à l'avance, et les récolter soi-même à la main, sur pied. On peut obtenir de très bonnes graines en semant à part dans un bon terrain celles qu'on aura cueillies à la main. Elles en donneront une grande quantité les années suivantes. Dans l'usage le plus ordinaire, on ramasse avec soin les graines dans les greniers à foin et dans les râteliers, et on les emploie indistinctement. Il en faut beaucoup plus de cette qualité, parce que toutes les semences ne sont pas mûres. Dans tous les cas, il convient de semer très épais, car l'inconvénient de n'avoir pas tout le terrain suffisamment garni est bien plus grand que celui de perdre un peu de semence.

Il est bon d'ajouter toujours à la graine ordinaire une certaine proportion de trèfle de Hollande et de trèfle blanc.

§ 7. D. Quels sont les soins d'entretien que demandent les pâturages de toute espèce ?

R. Les soins d'entretien que demandent les pâtu

ges de toute espèce consistent dans la destruction des plantes nuisibles et des taupes, dans l'épierrement et l'étaupinage, dans les irrigations et dans l'application des engrais et amendements.

§ 8. D. Comment peut-on détruire les herbes nuisibles dans les herbages permanents ?

R. Il y a plusieurs moyens de détruire les herbes nuisibles qui croissent dans les herbages permanents. Le plus efficace de tous, c'est de les arracher à la main, à la pioche ou à l'échardonnoir. On obtient encore de bons résultats en les faisant pâturer au printemps, dès que l'état du sol le permet. Les bestiaux les broutent alors sans inconvénient, et elles n'ont plus assez de force pour pousser comme les bonnes herbes.

On détruit la mousse en hersant énergiquement en long et en travers pendant l'hiver, et au fort de l'été, quand la terre est bien sèche, surtout lorsque après cette opération on répand sur le terrain des amendements calcaires, de la cendre ou de la suie.

§ 9. D. Quels sont les meilleurs moyens de détruire les taupes ?

R. La chasse des taupes est un art véritable qui a ses principes et ses règles, mais qu'on ne peut développer ici. Les meilleurs moyens de détruire les taupes consistent à les empoisonner et à les prendre au moyen de piéges tendus à toutes les issues de leurs passages. Quand on peut momentanément submerger le terrain, les taupes sortent pour éviter d'être noyées dans leurs galeries, et il est facile de les tuer.

On fait la même chose pour les mulots et les campagnols. On peut empoisonner ces animaux malfaisants avec la mort aux rats, qui est de la graisse mêlée avec du pain et de la coque du Levant en poudre; ou bien avec de la pâte phosphorée qu'on trouve chez tous les droguistes et chez les pharmaciens; ou bien

encore avec de l'éponge grillée dans du beurre salé.
On peut les chasser d'un pâturage au moyen de fumigations de soufre ; mais ils ne tardent pas à revenir
si l'on cesse les fumigations.

§ 10. D. Comment procède-t-on à l'épierrement et à l'étaupinage ?

R. Les pierres sont moins nuisibles dans les pâturages que dans les prairies à faucher. Cependant elles
occupent de la place au détriment des bonnes herbes.
Il faut donc les enlever avec soin, et c'est une chose
que le berger peut faire sans peine en gardant les bestiaux.

L'étaupinage est aussi une opération très nécessaire
et bien facile. C'est surtout au printemps, lorsque
les herbes ne montent pas encore, qu'il se fait le plus
utilement. La méthode la plus ordinairement employée, et la meilleure, consiste à répandre à la pelle,
aussi uniformément que possible, la terre meuble des
taupinières. Un hersage énergique est encore un bon
moyen, partout où la déclivité du terrain n'est pas
trop forte. On réitère avec avantage cette opération
en automne.

§ 11. D. Doit-on arroser les pâturages ?

R. Les irrigations sont toujours profitables lorsque
les eaux sont bonnes et qu'elles ne croupissent pas.
Lorsqu'on manque d'eaux de source, c'est une pratique
très utile que de recueillir les eaux pluviales au moyen
de fossés, de les réunir dans des étangs, mares ou bassins, pour les employer ensuite en irrigations, en les
maintenant le plus possible dans la partie supérieure
du pâturage.

§ 12. D. Quelle est l'époque la plus favorable pour les irrigations
des pâturages ?

R. L'époque la plus favorable pour les irrigations
des pâturages est la fin de l'automne et le commencement du printemps. On peut aussi les employer avec

beaucoup d'avantage dans le cours de l'été, à mesure que les bestiaux quittent une partie des pâturages pour aller sur une autre partie. Etendre les excréments des animaux dans la partie pâturée et l'arroser pendant qu'une autre partie est soumise à la dépaissance, est une excellente méthode qui assure successivement une abondante végétation à tout le pâturage. Il ne faut cependant pas perdre de vue que la dépaissance des pâturages arrosés est très nuisible aux moutons qu'on ne destine pas à la boucherie, et peut leur donner la pourriture.

Dans les pays chauds, l'irrigation peut quintupler le produit des pâturages. A l'article des prés naturels, on parlera des divers systèmes d'irrigation.

§ 13. D. Quels sont les engrais et les amendements qu'on peut employer utilement sur les pâturages ?

R. Il est rare qu'on ait assez d'engrais pour fumer les pâturages. Ils reçoivent d'ailleurs les déjections des animaux qu'ils nourrissent, et n'ont pas autant besoin d'engrais supplémentaires que les prés à faucher qui s'épuisent davantage, et ne peuvent profiter de la fumure qui résulte de la dépaissance que pendant fort peu de temps.

Cependant, toutes les fois que les circonstances le permettront, on trouvera de grands avantages à fumer les pâturages, quoiqu'ils soient moindres à la vérité que ceux qui résulteront toujours de la fumure des prés à faucher. Pour les uns comme pour les autres, tous les fumiers sont bons, pourvu qu'ils soient assez consommés, ou qu'on enlève au printemps les parties grossières qui n'ont pas été dissoutes par les pluies de l'hiver.

C'est surtout sur les prés naturels et les pâturages que l'emploi des engrais liquides produit d'excellents effets. Ils sont surprenants sur les terrains chauds, un peu en pente, et qui se laissent facilement pénétrer par l'humidité.

Les composts riches en matières calcaires, la chaux éteinte, les cendres, la suie, conviennent parfaitement, employés pendant l'hiver, aux doses indiquées dans la partie qui traite des amendements. Il est peut-être utile de répéter ici que l'action de tous les engrais et amendements sur les pâturages et les prés naturels dépend de l'assainissement du sol. Elle est presque nulle sur les terrains mal égouttés ; elle est puissante sur ceux qui sont bien assainis.

§ 14. D. Quels sont les autres soins à prendre pour tirer le meilleur parti possible des pâturages ?

R. Pour tirer des pâturages le meilleur parti possible, il est très utile qu'ils soient divisés en petits enclos, ou du moins fermés dans leur ensemble par une clôture quelconque. Lorsqu'ils n'offrent pas ces avantages, on peut obtenir les mêmes résultats au moyen de clôtures mobiles formées à l'aide de claies. Par cette méthode, on utilise mieux le pacage tout en le ménageant à volonté. On peut mieux répartir les animaux, suivant leur âge et leur espèce ; ils trouvent toujours à paître une bonne herbe qui n'a pas été foulée ; et les soins d'entretien et d'irrigation deviennent plus faciles et beaucoup plus profitables.

Les meilleurs pâturages doivent être réservés aux bêtes bovines ; les plus récents aux plus jeunes bêtes. Il faut bien se garder de faire paître les moutons sur les pâturages nouvellement semés. Ils pincent l'herbe de trop près, l'arrachent même quelquefois lorqu'elle n'a pas encore de racines assez fortes pour résister. Les pâturages les plus secs et les plus anciens sont les meilleurs pour eux.

CHAPITRE II. — PRÉS NATURELS.

§ 1. **D.** Quelle différence peut-on établir en agriculture entre les prés naturels et les pâturages proprement dits ?

R. La différence qu'on peut établir en agriculture entre les prés naturels et les pâturages proprement dits, c'est qu'on ne fauche pas ceux-ci, tandis que l'herbe des prés naturels est destinée à être fauchée et préparée pour la nourriture des bestiaux dans les étables.

Ce qui vient d'être dit de la formation des pâturages, du choix des graines, de leur ensemencement, de l'entretien et de l'amélioration du gazon, s'applique aux prés naturels. On examinera dans ce chapitre quels sont les terrains et les expositions où les prés naturels réussissent le mieux, les modes d'irrigation les plus avantageux, eu égard à la nature et à la disposition du terrain, et la manière de faucher, préparer et conserver le foin et le regain.

§ 2. **D.** Quels sont les terrains et les expositions qui doivent être de préférence consacrés aux prés naturels ?

R. Les terrains qui sont trop humides pour faire de bonnes terres labourables ; ceux qui, sans avoir cet inconvénient, peuvent être facilement arrosés ; le fond des vallées ; les parties basses de l'ensemble de chaque propriété, où se dirigent les eaux qui ont lavé les terrains supérieurs, sont ceux qui conviennent le mieux aux prés naturels. Les qualités du sol influent beaucoup sur la quantité et sur la qualité de l'herbe. Les terrains argileux et marécageux donnent le plus mauvais foin. Les terrains légers et sablonneux, dont le sous-sol se laisse facilement pénétrer par les eaux, et qui peuvent être arrosés à propos, donnent une grande quantité de foin, mais la qualité n'en est pas très nutritive ; les bons terrains calcaires, profonds, substantiels, sont ceux qui donnent le meilleur foin. On divise les prés naturels en deux principales classes : les prés arrosés et les prés non arrosés. Il n'y a rien de particulier à dire sur les prés non arrosés ; tout ce qui a été dit des pâturages se rapportant très bien à cette espèce de prés.

§ 3. D. Quelles sont les meilleures eaux pour l'irrigation ?

R. Les eaux de fumiers et d'étables ; celles qui ont lavé les égouts, les cours de ferme, les villages, les villes, sont les meilleures de toutes. Viennent ensuite les eaux de certaines rivières ou de certains ruisseaux qui charrient des matières grasses et limoneuses ; puis les eaux de sources qui contiennent en dissolution de la terre calcaire ; enfin les moins bonnes sont celles qui découlent des montagnes granitiques ou schisteuses, et qui ne contiennent pas de chaux. On améliore la qualité de ces dernières en les retenant dans des réservoirs où le soleil les échauffe, et surtout en y délayant quelques charretées de fumier. Les eaux de source sortant des terrains calcaires sont d'autant meilleures, qu'on les utilise plus près de l'endroit d'où elles sortent de terre.

§ 4. D. Quelles sont les dispositions préparatoires qu'on doit prendre avant d'établir un système d'irrigation ?

R. Les dispositions préparatoires qu'on doit prendre avant d'établir un système d'irrigation sont : premièrement, de s'assurer, à l'aide du niveau, et en partant du point le plus élevé où l'on peut prendre l'eau, de l'étendue du terrain qu'on peut arroser ; puis on trace une maîtresse rigole de dérivation qui se rapproche le plus possible de la ligne du parfait niveau, en suivant toutes les sinuosités du terrain. Une pente de un millimètre par mètre est suffisante pour le mouvement de l'eau. Secondement, si le terrain est sujet à retenir les eaux, il faut creuser, dans sa partie la plus basse, une rigole assez large et assez profonde pour recevoir toutes les eaux qui auront servi à l'irrigation. Un nombre de rigoles plus petites, proportionné au plus ou moins d'inclinaison du sol, à son plus ou moins de perméabilité, assainiront préalablement toute l'étendue du pré, en déversant les eaux d'irrigation et les eaux croupissantes, s'il y en a, dans la maîtresse rigole inférieure. C'est là un point capital. Les meilleures eaux sont funestes si elles croupissent Troisièmement enfin, on établit les rigoles d'irrigation de manière à ménager la pente autant que possible, et à pouvoir arroser abondamment l'espace compris entre deux rigoles d'assainissement, ce qui se fait au moyen de vannes placées dans la maîtresse rigole de dérivation, et qu'on ouvre à volonté.

§ 5. D. Doit-on opérer de la même manière sur tous les terrains indistinctement ?

R. Ce qui vient d'être dit s'applique surtout aux prés qui n'ont pas beaucoup de pente, qui ne se laissent pas facilement pénétrer par les eaux, et où, par conséquent, il est nécessaire de leur ménager un libre écoulement. Sur les prés qui ont une pente assez forte mais bien régulière, et qui absorbent les eaux sans les retenir à la surface, il est un mode d'irrigation bien plus avantageux. Il consiste à tracer toutes les rigoles en travers, parfaitement de niveau, et à les rapprocher assez l'une de l'autre pour que, l'eau étant introduite dans la rigole supérieure et débordant à la fois sur tous les points de son étendue, elle arrose également tout le terrain jusqu'à la seconde rigole, où les eaux se réunissant de nouveau, déborderont ainsi successivement sur toutes les parties du pré. Ce système d'irrigation demande beaucoup de précision pour son établissement; mais une fois bien organisé, il offre cet avantage considérable, que le pré tout entier se trouve arrosé sans qu'on s'en occupe autrement que de mettre l'eau dans la maîtresse rigole et de l'en retirer quand on veut faire cesser l'irrigation.

§ 6. D. A quelle époque et dans quelles circonstances doit-on arroser les prés?

R. Il est très avantageux de donner aux prés une copieuse irrigation avant l'hiver. Les eaux sont alors meilleures, parce qu'elles s'enrichissent des égouts des terres nouvellement fumées, et des débris de matières végétales en putréfaction. Cette première irrigation peut durer sans inconvénient de quinze jours à un mois, selon que les terrains sont gras ou secs.

On réitère à diverses reprises les irrigations pendant l'hiver, en laissant chaque fois un intervalle suffisant pour que le terrain soit bien égoutté. La gelée est nuisible aux prés lorsqu'ils ne sont pas ressuyés. Il faut donc avoir le soin, lorsqu'on la craint, de retirer l'eau assez tôt pour que le sol ait bien le temps de s'égoutter entièrement.

Lorsque l'herbe commence à reverdir, on diminue la durée de l'irrigation. Trois à quatre jours suffisent pour chacune; ce temps est encore abrégé à mesure que la température s'échauffe, jusqu'à la réduire à une seule nuit. On attend, pour recommencer, que le sol soit parfaitement ressuyé.

On continue jusqu'à la fenaison, en évitant d'arroser, le jour, pendant les chaleurs. On peut arroser toutes les cinq ou six nuits.

Après les foins, on arrose à fond pendant quel-

ques jours, pour assurer au regain une bonne végétation, puis on recommence à n'arroser que pendant les
nuits.

§ 7. D. Quelle est l'époque où il convient de faucher les prés naturels ?

R. L'époque où il convient de faucher les prés naturels doit varier selon les circonstances. Le foin est-il
destiné à la nourriture des bêtes à cornes qui aiment
un foin tendre et parfumé ? fauchez lorsque la majeure partie des herbes est en fleurs. Voulez-vous faire
consommer le foin par des chevaux ? attendez que
les graines soient parvenues à leur maturité. On suppose que le temps est d'ailleurs favorable pour la fenaison, car il vaut mieux faucher un peu trop tard et
bien préparer son foin, que de s'exposer à le faire
mouiller. Il faut ajouter en faveur du fauchage précoce, que les plantes coupées avant leur maturité
repoussent avec plus de vigueur, et qu'on obtient
beaucoup plus de regain. Si l'on perd ainsi quelque
chose sur la quantité du foin, on est amplement dé-
dommagé, soit par une quantité considérable de regain, soit par la qualité du foin, qui est bien plus ap-
pétissant, plus nourrissant, et dont il ne se perd rien
à l'étable.

§ 8. D. En fauchant avant la maturité des graines, ne s'expose-t-
on pas à dégarnir le pré ?

R. C'est une erreur de croire que la pratique de faucher avant la maturité des graines appauvrisse le
gazon. Elle a, au contraire, pour effet de favoriser le
tallage des plantes qui sont vivaces, et par conséquent
de faire épaissir le gazon. Ce n'est que lorsque les
plantes sont complètement épuisées, lorsqu'elles meurent par places plus ou moins considérables, que la
graine qui se répandrait sur le sol par le fauchage et
le fanage des herbes en pleine maturité pourrait en

partie remédier à cet inconvénient. Mais, dans ce cas, il est beaucoup plus profitable de retourner le pré, aux endroits dégarnis, et de le renouveler après quelques cultures préparatoires.

§ 9. **D.** Comment doit se faire le fauchage ?

R. Pour que le fauchage se fasse vite et bien, il faut avoir soin de n'employer que des ouvriers bien exercés, munis de bons instruments. L'herbe se coupe beaucoup mieux lorsqu'elle est mouillée par la rosée; et il est donc très important d'utiliser les matinées. Il faut veiller à ce que les faucheurs coupent l'herbe aussi bas que possible. Cette opération est doublement utile ; d'abord parce que l'herbe étant plus épaisse vers le bas, on obtient plus de foin, et ensuite parce qu'il devient plus facile de faucher le regain très ras. C'est ainsi que le cultivateur soigneux trouvera le prix des travaux d'entretien qu'il aura donnés à ses prés. S'ils sont bien nivelés, s'il a fait détruire et exactement répandre les taupinières et les fourmilières, l'action de la faux ne sera pas entravée et il ne perdra pas un kilogramme de foin, tandis qu'il y a une perte très considérable et de temps et de foin lorsque ces soins ont été négligés.

§ 10. **D.** Quelle est la meilleure manière de préparer le foin et le regain?

R. Pour bien préparer le foin et le regain, il faut d'abord avoir un nombre de faneuses proportionné à celui des faucheurs. Il sera au moins double. Dès que la rosée est dissipée, on s'empresse d'étendre à la fourche ou à la main, et aussi uniformément que possible, l'herbe des *andains* ou *rangs,* sur toute la surface fauchée ; lorsqu'on a atteint les faucheurs, il ne reste avec eux que le nombre de faneuses nécessaire pour l'épandage de l'herbe, à mesure qu'elle est coupée ; les autres vont retourner l'herbe déjà répandue, et qui a commencé à se flétrir. Plus souvent on retourne le foin, et mieux il sèche. On doit laisser sans l'étendre l'herbe fauchée après trois ou quatre heures du soir, et ne pas attendre jusqu'après le coucher du soleil pour réunir le foin étendu en petits tas, afin qu'il ne prenne pas la rosée. On appelle ces petits tas : *meulons, chevrottes, patoques*, suivant les localités. Ne laisser mouiller le foin ni par la pluie ni par la rosée, c'est le point capital pour une bonne préparation. Dès qu'il est suffisamment sec, il faut se hâter de l'engranger, ou du moins de le mettre en fortes meules d'une charretée chacune. Le regain demande à être plus sec que le foin. Si, malgré toutes les précautions, on a laissé son foin se mouiller, c'est une excellente méthode que de le saler en l'engrangeant, ou du moins de l'asperger d'eau salée, au moyen d'un balai, au moment de donner à chaque bête sa provende. Quelques auteurs recommandent le bottelage du foin. Malgré les avantages qu'offre cette pratique, pour se rendre exactement compte des ressources dont on peut disposer pour la nourriture du bétail, nous ne la conseillerons pas ; le bottelage fait perdre au foin son arôme, sa saveur. Entre le foin botté et celui qui ne l'est pas, il y a pour l'animal qui doit le consommer la même différence que nous trouverions entre le pain coupé un ou deux jours à l'avance et le pain frais, ou le pain coupé à mesure du besoin.

S'il n'y avait pas de déchet dans le poids du foin, et si le temps le permettait d'ailleurs, on pourrait cependant botteler au moment de la fenaison. Le foin entassé immédiatement dans les granges conserverait alors ses qualités.

CHAPITRE III. — PRAIRIES ARTIFICIELLES.

§ 1. D. Qu'entend-on par prairies artificielles ?

R. On appelle *prairies artificielles* les terrains sur lesquels on cultive, ensemble ou séparément, des plantes propres à la nourriture des animaux, soit qu'on en fasse consommer les produits sur place même, ou en vert à l'étable, soit enfin qu'on les fasse sécher comme le foin. Après un espace de temps qui dépend de la durée des plantes fourragères ou des convenances de l'assolement adopté, ces terrains sont soumis à d'autres cultures, pour être de nouveau remis en prairies artificielles, selon l'époque et la place assignées par la succession de culture qui constitue l'assolement.

§ 2. D. Quelle est l'utilité des prairies artificielles ?

R. Les prairies artificielles sont, avec les racines fourragères, le principal point de départ des améliorations possibles en agriculture. Elles donnent, en effet, les moyens d'entretenir des bestiaux sans prés naturels, et d'en nourrir une bien plus grande quantité ; elles permettent, par conséquent, d'augmenter les profits qui résultent de l'élève et de l'engraissement du bétail, et de doubler la richesse du sol par les trésors d'engrais, si l'on peut parler ainsi, dont elles sont la source. Elles préparent parfaitement la terre pour la culture de presque toutes les plantes les plus productives. Partout où la culture des plantes fourragères a été introduite, le nombre des bestiaux a considérablement augmenté, ils ont été mieux nourris, et ont donné plus de profits ; les terres y sont mieux cultivées, mieux fumées, et rapportent davantage. C'est donc une excellente méthode de culture à conserver et à améliorer partout où elle est usitée, et à introduire partout où elle ne l'est pas.

§ 3. D. Quelles sont les plantes fourragères dont on forme principalement les prairies artificielles ?

R. Les principales plantes fourragères dont on forme ordinairement des prairies artificielles sont : 1° le *trèfle commun* ou *trèfle de Hollande* ; 2° le *trèfle incarnat, trèfle farouche* ou *de Roussillon* ; 3° le *trèfle blanc*, 4° la *lupuline* ou *minette dorée* ; 5° le *trèfle cornu* ; 6° la *luzerne* ; 7° le *sainfoin* ou *esparcette* ; 8° plusieurs variétés de *vesces* ; 9° les *lupins* ; 10° la *bisaille* ou *pois gris* ; 11° la *spergule* ; 12° la *pimprenelle* ; 13° l'*ivraie d'Italie*, l'*ivraie d'Angleterre* ou *ray-grass* ; 14° le *maïs*, le *millet* et le *sorgho* ; 15° plusieurs mélanges de diverses espèces. Certaines de ces plantes se sèment seules. La plupart se sèment, au contraire, soit en même temps qu'une récolte de printemps ou d'été, comme l'avoine, le sarrasin, etc., soit sur les blés d'hiver, au moment que commence leur végétation printanière.

§ 4. D. Quelles sont les plantes fourragères qu'on sème seules, et quelle en est la culture ?

R. Les plantes fourragères qu'on cultive seules sont : le maïs, le millet et le sorgho, dont la culture est la même ; les vesces, les pois, les lupins, et certains mélanges.

Le maïs, le millet et le sorgho se sèment au printemps, depuis l'époque où l'on n'a plus à craindre de gelées tardives, jusqu'en juillet, par petites étendues, tous les dix ou quinze jours, afin d'obtenir sans interruption, pendant trois mois environ et souvent quatre, un des plus abondants et des meilleurs fourrages verts connus.

On sème le plus souvent à la volée, sur un bon terrain de consistance moyenne, profondément ameubli et largement fumé, et de manière à ce que les plantes soient à 10 centimètres de distance pour le maïs et le sorgho, et à 8 centimètres environ pour le millet. Un binage exécuté à propos et avec soin, au moment où les plantes ont un décimètre de hauteur, a le double avantage de favoriser puissamment la végétation de la récolte fourragère, et de bien préparer la terre pour la récolte qui doit suivre. Lorsque le moment d'employer ces fourrages est venu, on recommande de ne pas couper, mais d'arracher les plantes et d'en retrancher la partie qui était en terre, parce que les racines laissées dans le terrain l'épuisent encore, même après que la tige est coupée. Cette observation ne s'applique pas au sorgho sucré, qui peut se couper plusieurs fois.

§ 5. D. Comment se cultivent les lupins, et quelle en est l'utilité ?

R. Les lupins croissent sur des terrains médiocres, de quelque nature que ce soit, pourvu qu'ils ne soient pas humides ni trop calcaires. Ils redoutent les climats froids. On les sème vers la fin d'avril à raison d'un hectolitre par hectare. Cette plante offre une double ressource. Elle est cultivée pour servir de pâturage aux moutons, ou pour être enfouie au moment de la floraison. Ses graines, macérées dans l'eau, servent à engraisser le bétail.

§ 6. D. Comment se cultivent les divers mélanges de plantes fourragères ?

R. Plusieurs plantes fourragères donnent une bien plus grande quantité de fourrage lorsqu'on les sème ensemble que lorsqu'on les cultive séparément. Un des mélanges les plus productifs consiste à associer par quantités proportionnelles des pois, des fèves, de la moutarde blanche, du seigle de printemps et de l'orge céleste. On se trouvera fort bien encore, sur les terrains légers, d'un mélange de sarrasin, maïs, moutarde blanche et spergule. Ces fourrages se sèment de mars en août, par petites étendues, et à quinze jours d'intervalle, comme le maïs, pour qu'il y en ait toujours à faucher. La préparation de la terre est la même que pour le maïs. Ces herbages ne sont pas aussi exigeants sur le choix du terrain, ni aussi épuisants que le maïs; mais il y a toujours avantage à les semer dans un bon fonds et à les bien fumer. Nous ne reviendrons pas sur la culture des vesces et des pois. Le fourrage que donnent ces plantes est excellent. La variété printanière de la vesce noire se prête avec avantage aux semis successifs de mars en juillet, pour assurer au bétail une nourriture substantielle et abondante pendant l'été.

§ 7. D. Quelles sont les plantes fourragères qu'on sème, soit en même temps qu'une récolte printanière, comme l'avoine, soit sur une récolte d'hiver, au moment que la végétation du printemps se déclare?

R. Les plantes fourragères qu'on sème, soit en même temps qu'une récolte de printemps ou d'été, comme l'avoine ou le sarrasin, soit sur une récolte d'hiver, au moment que se déclare la végétation printanière sont : le trèfle de Hollande, le trèfle blanc, le trèfle cornu, la lupuline, la luzerne, le sainfoin, la pimprenelle, l'ivraie d'Italie ou ray-grass, et la chicorée.

§ 8. D. Quelle est la quantité de semence qu'il faut employer pour chacune de ces plantes, et la manière de les semer?

R. Il vaut toujours mieux semer les plantes fourragères trop drues que pas assez. Par ce système, il n'y a pas de clairières dans la prairie artificielle, les mauvaises herbes sont étouffées, et le fourrage est plus fin.

Quand on sème en même temps que l'avoine, il est inutile de recouvrir les semences autrement qu'en traînant un fagot d'épines à la surface, après avoir enterré l'avoine.

Quand on sème sur un blé ou sur toute autre récolte en végétation, le moyen le plus assuré de succès est de recouvrir la semence par un sarclage donné à la récolte principale.

C'est encore une très bonne méthode que de semer les graines des plantes fourragères qu'on vient d'indiquer en même temps que de l'avoine ou de l'orge destinées à être fauchées en vert.

Voici les quantités de graines mondées qu'on emploie le plus ordinairement par hectare.

Trèfle de Hollande.	18 kil.
Trèfle blanc.	16
Lupuline ou minette dorée.	17
Trèfle cornu.	12
Luzerne.	20
Sainfoin.	4 h. 50 l.

(Il demande à être enterré plus profondément.)

Pimprenelle	30 kil.
Ivraie d'Italie ou ray-grass.	50
Spergule.	24
Trèfle incarnat ou de Roussillon.	50
Chicorée.	12

§ 9. D. Quelles sont les qualités particulières de chacune de ces plantes fourragères, et les terrains qui leur conviennent ?

R. Le trèfle de Hollande est un excellent fourrage vert et sec. Son emploi en vert demande des précautions, car s'il est consommé mouillé ou trop tendre, il peut faire périr les bêtes à cornes par l'enflure. Il demande un bon sol de consistance moyenne, et n'aime pas à revenir sur le même terrain avant quatre ans. Il peut donner jusqu'à trois coupes, et dure deux ou trois ans. Il est cependant préférable de le rompre après la seconde coupe. Le trèfle blanc vient partout. Il convient pour servir de pâturage, car il s'élève très peu et repousse très promptement. Il est vivace.

La lupuline et le trèfle cornu, ou lotier, ne sont pas aussi exigeants que le trèfle de Hollande sur la qualité du terrain. Ils le remplacent assez avantageusement sur les terres à seigle, où ils occupent la même place que le trèfle de Hollande sur les terres à froment.

La luzerne est le meilleur et le plus productif de tous les fourrages. Elle exige un terrain riche, d'une profondeur très considérable, bien ameubli, et ne retenant pas l'humidité dans ses couches inférieures. Elle donne jusqu'à cinq coupes, et dure dix ans et plus. L'usage de la luzerne verte demande les mêmes précautions que celui du trèfle de Hollande.

Le sainfoin ou esparcette aime les terrains calcaires ou marneux. Il ne donne ordinairement qu'une coupe; mais soit vert, soit sec, il y a peu de fourrages aussi substantiels. C'est le fourrage qu'Olivier de Serres appelle avec raison une herbe *fort valeureuse*. Il dure quatre à cinq ans et résiste aux plus fortes sécheresses.

L'ivraie d'Italie, ou ray-grass, réussit bien sur les sols profonds et frais. C'est surtout une excellente plante pour former de bons pâturages, repoussant pour ainsi dire à vue d'œil. Elle contient beaucoup de substance nutritive sous un faible volume ; c'est d'elle que les bergers de la plaine aride de la Crau ont coutume de dire : *Boucado faï ventrado. Bouchée fait ventrée.* La pimprenelle réussit sur les terrains sablonneux ou marneux de médiocre qualité. Elle résiste bien au froid et à la sécheresse, et fournit un excellent pâturage pour les moutons.

§ 10. D. Comment se cultive le trèfle incarnat ou trèfle de Roussillon ?

R. Le trèfle incarnat ou trèfle de Roussillon, appelé aussi farouche, se sème ordinairement après une récolte printanière, ou plus souvent dans le sarrasin semé en récolte dérobée après le blé. C'est une plante fourragère qui réussit mieux dans les pays chauds, ou du moins tempérés, que dans les pays froids. Partout où le sarrasin peut être utilement cultivé en seconde récolte, il se sème dans le courant de juillet. Lorsque les jeunes plantes de sarrasin ont quatre feuilles, on sème le trèfle incarnat qu'on recouvre par un sarclage qui en assure la prompte levée, et qui est très profitable au sarrasin. Souvent on se contente de répandre la graine en août, au moment où il paraît qu'il va pleuvoir. Les semis faits avec la graine enveloppée de sa balle, réussissent mieux que les semis faits avec de la graine mondée ; il en faut, dans ce cas, environ un tiers de poids en sus. Les bonnes terres à seigle, fraîches et substantielles, sont celles qui lui conviennent le mieux.

§ 11. D. Quels sont les avantages qu'offre la culture du trèfle incarnat ?

R. Le trèfle incarnat est un excellent fourrage vert. C'est peut-être le plus utile de tous, en ce sens que dans les terrains et les pays qui lui conviennent, on peut obtenir une récolte fourragère très abondante dès la fin d'avril ou le commencement de mai, labourer profondément le terrain à la bêche ou à la charrue, à mesure que la faux marche, et ensemencer immédiatement, soit en pommes de terre, soit en haricots, soit en raves, soit en maïs fourrage ou en chanvre, sans déranger en rien l'assolement ordinaire. Le trèfle incarnat est surtout précieux pour le petit propriétaire qui, n'ayant pas assez de terres pour cultiver d'autres fourrages artificiels, peut cependant, grâce à celui-là, entretenir du bétail sans semer un grain de blé ou une pomme de terre de moins.

Il y en a deux variétés : l'une précoce, qui est bonne à être fauchée dès la fin d'avril, et l'autre tardive, qu'on fauche après le trèfle précoce.

Le trèfle incarnat est une des plantes qui conviennent le mieux pour être employées comme engrais végétal. On peut faire suivre son enfouissement d'un ensemencement en sarrasin qu'on peut enfouir encore avant les semailles de blé.

§ 12. D. Comment se cultive la spergule, et quel en est l'usage ?

R. La spergule est un très bon fourrage à faire pacager ou à faire consommer en vert, à l'étable. Elle se sème le plus ordinairement sur les chaumes du seigle et sur un simple labour, ou même sur un simple hersage croisé.

La spergule se plaît dans les terrains sablonneux, mais substantiels et frais. On peut l'associer utilement à la moutarde blanche et au sarrasin. On en sème un petit carré en mars ou avril, pour récolter la graine vers le mois de juin. Les vaches qui sont nourries à la spergule donnent un lait et du beurre excellents. C'est une plante très propre à servir d'engrais végétal.

§ 13. D. Comment se cultive la chicorée, et quels en sont les usages ?

R. La chicorée est une plante vivace que tout le monde connait, qui est cultivée comme fourrage, et pour ses racines, qu'on fait sécher et brûler comme le café, avec lequel on les mêle, après avoir été réduites en poudre. Il y en a deux variétés : la chicorée à café et la chicorée fourrage.

Les terres de consistance moyenne, même les terres argileuses, pourvu qu'elles soient substantielles et profondes, sont celles qui conviennent le mieux à la chicorée. Le terrain doit être labouré et ameubli très profondément. On sème à la volée dans une récolte d'avoine ou de sarrasin, ou bien sur un blé, pour la chicorée fourragère. La chicorée à café se sème seule à rayons espacés de trente centimètres, et à dix centimètres de distance dans la ligne. Il faut douze kilogrammes de graines pour la première variété, et trois seulement pour la seconde. On doit sarcler et biner de bonne heure et fréquemment la chicorée à café, afin que les racines puissent prendre un grand développement dès la première année. On arrache ces racines à la fin de l'automne et pendant l'hiver, lorsqu'elles sont encore pleines de suc. Elles ne craignent pas la gelée, ce qui permet de les laisser en terre jusqu'au moment de la vente.

§ 14. D. Les prairies artificielles exigent-elles des soins d'entretien ?

R. Comme les prairies artificielles sont destinées à être fauchées ou pâturées, il est essentiel que la surface en soit bien nivelée et épierrée. Les maïs, millets et sorghos veulent être sarclés. Les trèfles, luzernes et sainfoins se trouvent très bien d'un hersage énergique donné à la fin de l'hiver, au moment où la végétation se ranime. Toutes les espèces de trèfle, la luzerne, les vesces, les pois, donnent plus du double de fourrage lorsqu'on les plâtre à propos, comme il a été dit au chapitre des amendements. En alternant le plâtrage avec l'emploi des engrais liquides, on obtient, pour ainsi dire, autant de fourrage qu'on veut.

Il est essentiel pour les fourrages annuels, c'est-à-dire pour les maïs, vesces, pois, trèfle incarnat et mélanges, de faire faucher dans le sens où doit se faire le labour, et de labourer dès que cela est possible, pour profiter de l'humidité de la terre et la mieux préparer pour la récolte suivante.

§ 15. D. La préparation du fourrage sec des prairies artificielles se fait-elle de la même manière que celle du foin des prés naturels ?

R. Il y a une grande différence entre la manière dont on doit préparer les fourrages artificiels et celle qui est usitée pour la préparation du foin des prés naturels. L'herbe des prés ne se brise pas lorsqu'elle est remuée étant très sèche. Il n'en est pas de même du trèfle et de la luzerne. Si le soleil est ardent, et si l'on répand les *andains* ou *rangs* sur toute la surface fauchée, les longs et minces pétioles qui portent les feuilles sont desséchés bien longtemps avant celles-ci, et surtout avant les tiges, et lorsqu'on retourne le trèfle pour la seconde fois, la secousse fait tomber toutes les feuilles, qui constituent la partie la plus délicate du fourrage ; il ne présente plus alors que les tiges desséchées. On remédie à cet inconvénient en laissant sécher le dessus des andains, puis, en les retournant sans les éparpiller, et en réitérant cette manœuvre jusqu'à dessiccation complète, avec la précaution de ne retourner les *andains* ou *rangs* que le matin ou le soir.

QUATRIÈME PARTIE,

—

SCIENCE DES PLANTES UTILES ET DE LEUR CULTURE.

—

QUATRIÈME SUBDIVISION.

Culture de la vigne. — Vinification.

—

INTRODUCTION.

D. La culture de la vigne est-elle la même dans tous les vignobles ?

R. Chaque vignoble a, pour ainsi dire, un mode de culture différent. Presque partout on suit la manière usitée dans la contrée, sans se rendre raison si c'est celle qui convient le mieux au climat, au sol, à l'exposition et aux espèces.

Les limites de ce petit traité d'agriculture ne permettent pas de détailler, de combattre ou de conseiller tant de diverses méthodes de culture. On doit se borner à offrir un système pratique et raisonné, qui puisse s'appliquer utilement à presque tous les vignobles. Dire, non pas toujours ce qui se fait, dans telle ou telle contrée, mais ce qu'il serait convenable et avantageux de faire presque partout, en tenant d'ailleurs compte des circonstances qui peuvent modifier les principes généraux, tel est le but qu'on se propose dans ces leçons familières, dictées par le désir d'être utile et par une assez longue expérience.

CHAPITRE I. — CLIMAT, EXPOSITION, TERRAINS PROPRES A LA CULTURE DE LA VIGNE. — ENGRAIS ET AMENDEMENTS. — CHOIX DU PLANT.

§ 1. D. Quel est le climat qui convient le mieux à la vigne ?

R. La vigne est une plante originaire des pays chauds. Toutefois elle donne, en général, ses meilleurs produits dans les pays tempérés. Elle peut prospérer, en raison d'ailleurs des autres conditions favorables ou défavorables à sa culture, sous tous les climats où d'ordinaire l'on n'a point à craindre de gelées dans le courant des mois d'avril, mai et octobre.

§ 2. D. Quelles sont les expositions que préfère ou que redoute la vigne ?

R. Les expositions les plus favorables à la vigne sont celles du midi et du levant ; les plus mauvaises, toutes choses égales d'ailleurs, sont celle du couchant, et surtout celle du nord. Nous disons *toutes choses égales d'ailleurs*, car, sur des coteaux peu élevés, à pentes très douces, qui peuvent recevoir obliquement les rayons du soleil, on trouve de très bonnes vignes exposées au couchant et au nord.

La vigne aime les collines peu élevées, garnies à leur sommet de bois qui les protègent contre les vents froids et humides du nord et du nord-ouest.

En général, l'exposition de la plaine convient peu à la vigne.

C'est vers le milieu de la pente des coteaux peu inclinés que la vigne donne ses meilleurs produits.

§ 3. **D.** Quels sont les terrains qui conviennent le mieux à la vigne ?

R. La vigne réussit bien dans les terrains granitiques, schisteux, volcaniques, calcaires, profondément défoncés, et dont le sous-sol se laisse facilement pénétrer par l'humidité. La présence de pierres, de cailloux ou de graviers, pourvu qu'il n'y ait pas excès et qu'elle ne soit pas un obstacle aux travaux, est une circonstance très favorable.

Les terrains argileux donnent un vin gros et dur, qui est souvent infecté du goût de terroir.

Les sols siliceux produisent en général des vins très médiocres, à moins qu'ils ne contiennent une assez forte proportion d'argile et de calcaire, comme dans le Médoc et les Graves (Gironde).

Les vignobles de la Champagne, de la Bourgogne, du Languedoc, de la Touraine, de Cahors, sont presque tous sur le calcaire ; ceux de Condrieux, de l'Hermitage, de Saint-Péray, sur le terrain granitique ; ceux de Côte-Rôtie, Bagnols, Rivesaltes, ceux d'Anjou, les meilleurs de ceux de la Corrèze, sur des sols schisteux, quoique dans ce dernier vignoble il y ait des crûs très remarquables sur le terrain calcaire.

§ 4. **D.** Quels sont les amendements et les engrais qui conviennent le mieux à la vigne ?

R. Tous les amendements terreux, sans exception, peuvent être employés avec avantage pour la vigne, et d'autant plus utilement qu'ils corrigent mieux les défauts naturels du sol, comme il a été enseigné au chapitre des amendements. Plus il y aura d'éléments différents d'amendements, et plus, toutes choses égales d'ailleurs, l'effet en sera durable et avantageux, selon la nature du terrain.

Les composts, faits à proximité, pour diminuer les frais de transports, les cendres lessivées, les décombres de bâtiments, la chaux, la marne ; les gazons, la bruyère, les ajoncs, les genêts, les menus branchages, les feuilles, les herbes de toute espèce ; les lupins, le sarrasin et autres plantes enfouies comme engrais végétal ; les marcs de raisin, les rognures de corne, les os concassés ; les chiffons de laine ; la colombine, le noir animal, sont les matières qui conviennent le mieux comme engrais pour la vigne.

La manière la plus utile d'employer ces engrais sur les vignes qui ont besoin d'être renouvelées, c'est de creuser des tranchées ou des fosses assez profondes entre les ceps, et de les y enterrer, en ayant soin de bien ménager les racines. L'effet de cette fumure est prompt. Les ceps environnants reprennent une grande force et peuvent être bientôt provignés, soit que chaque cep puisse en former plusieurs autres, soit qu'il ne fasse que se renouveler d'abord lui-même, pour être provigné une seconde fois deux ans après le premier provignage.

Les matières animales en putréfaction ont le grave inconvénient de produire un vin mou, de peu de garde, et auquel elles communiquent un goût détestable.

§ 5. D. Quelles sont les principales considérations qui doivent diriger dans le choix du plant ?

R. Les principales considérations qui doivent diriger le vigneron dans le choix du plant, se rapportent au climat et à l'exposition, à la nature du terrain et à la qualité des produits.

Quoique la vigne, originaire des pays chauds, se soit, depuis des siècles, parfaitement acclimatée dans les pays tempérés, elle est cependant très sensible au changement de climat, d'exposition et de terrain. Il est donc très important que le plant, choisi d'ailleurs parmi les meilleures espèces de chaque vignoble, se trouve placé dans de meilleures conditions, sur le sol où on l'établit, que sur celui d'où il a été tiré.

En conséquence, on le transportera avec avantage, du nord ou du couchant, au midi ou au levant; d'un climat froid, ou seulement tempéré, dans un climat plus chaud et plus favorable; d'un terrain médiocre, dans un terrain meilleur, quoique de même nature. En opérant dans ce sens, avec une intelligente persévérance, sur les meilleurs plants de vignobles moins favorisés, sous tous les rapports, que celui qu'on veut créer, on améliorera considérablement la qualité des produits, et les espèces se perfectionneront sensiblement, au lieu de dégénérer, selon leur tendance naturelle; car les qualités des espèces, et, par conséquent celles du vin, changent selon la qualité des terrains.

§ 6. D. Quels autres soins particuliers doit-on prendre pour le choix du plant?

R. Il y a toujours, dans les meilleures vignes, et dans chaque espèce, des ceps habituellement plus fertiles que d'autres. C'est sur les ceps reconnus tels par une longue observation, qu'il faut prendre, pour chaque espèce, le plant destiné à former une nouvelle vigne. Il est même très rationnel de choisir sur ces ceps les sarments qui ont le plus produit, et qu'on aura eu le soin de marquer à l'époque de la vendange.

On fera, autant que possible, les plantations après une année où la récolte aura été abondante et de bonne qualité. Les vignes formées de plants choisis dans ces conditions se ressentent pendant toute leur durée de l'heureuse influence de ces soins importants, pourvu qu'elles aient d'ailleurs été traitées convenablement soit dans leur plantation, soit dans les travaux qu'elles réclament lorsqu'elles sont en rapport.

CHAPITRE II. — MULTIPLICATION ET PLANTATION DE LA VIGNE.

§ 1. D. Quels sont les divers modes de multiplication de la vigne ?

R. La vigne peut se multiplier de quatre manières, savoir : 1° par les semis ; 2° par la greffe ; 3° par les marcottes enracinées qu'on appelle aussi *barbues, chevelues, sautelles,* selon les pays ; et 4° par les boutures, qu'on nomme, dans divers vignobles, *plants, chapons, crossettes, maillots.* On ne parlera pas ici du semis ni de la greffe de la vigne. Malgré la grande utilité qu'il y aurait à faire de sérieuses expériences sur les semis et la greffe de la vigne, ces deux modes de multiplication sont trop peu usités pour être décrits dans un petit traité d'agriculture pratique.

§ 2. D. Quels sont les moyens d'obtenir des marcottes ?

R. On obtient les *marcottes, barbues* ou *chevelues* en couchant des sarments en terre, sans les séparer de la souche-mère. Pour cela, on creuse dans le courant de l'hiver, et jusqu'à la pousse des bourgeons, de petites fosses au pied des souches-mères, et l'on y couche les sarments avec précaution, en les couvrant de terreau ; on ne leur laisse que deux bourgeons, en ayant bien soin de supprimer tous ceux qui se trouvent entre la souche-mère et la fosse, et on les fixe à un échalas. Un an après, on sépare la marcotte de la souche ; elle est ordinairement garnie de nombreuses racines, et a acquis une longueur de un à deux mètres.

On obtient des boutures enracinées en mettant du plant en pépinière ; on le soigne pendant deux ou

trois ans, pour lui donner le temps de former ses racines et son bois, puis on le relève pour le planter à
demeure.

Les marcottes obtenues directement sont toujours
beaucoup plus vigoureuses que celles qui proviennent
de plants mis en pépinière. A cela près, celles-ci sont
préférables. Elles forment en effet des ceps plus durables et plus fertiles, parce qu'elles ont été choisies
parmi les sarments supérieurs du cep, qui sont toujours les plus productifs, tandis que les *barbues* sont
presque toujours produites par le couchage de sarments gourmands, venus au bas de la souche-mère,
et le plus souvent moins fertiles.

§ 3. D. Comment doit-on couper les boutures qui doivent servir
à la plantation sur place ou en pépinière?

R. Les boutures qui doivent servir à la plantation
en pépinière ou à demeure doivent être coupées à la
serpette, au point d'où elles partent du vieux bois,
mais sans lui en laisser porter, comme on le fait d'ordinaire, une partie quelconque. La raison en est bien
simple : pour que les racines qui doivent naître du
bourrelet puissent se développer vigoureusement, il
faut que la coupure qui termine le sarment se recouvre par la croissance de l'écorce. Or, ce recouvrement
n'a lieu que très tard pour les boutures munies d'une
petite partie de vieux bois, et seulement lorsque ce
vieux bois est pourri. On peut se convaincre de l'exactitude de ce fait en déterrant des boutures plantées
des deux manières depuis un an. Les premières racines sortent du bourrelet. Il est donc essentiel de conserver ce bourrelet, et de couper le sarment au-dessous, avec un instrument bien tranchant, pour que la
place puisse être plus facilement recouverte par l'é-
corce. Le peu de vigueur qu'on remarque pendant
les premières années, dans la végétation des vignes

plantées au moyen de boutures, doit probablement être attribué à la pratique vicieuse de laisser un peu de vieux bois à chaque plant. Il faut ordinairement cinq ans pour que le plant fait de boutures soit en état d'être provigné. Trois ans suffisent si l'on a fait la plantation avec des barbues ou des plants enracinés. Il y a donc grand avantage d'employer ce dernier mode, toutes les fois qu'il est possible de se procurer assez de barbues, ou mieux, de plants enracinés, de la bonne qualité desquels on soit bien assuré.

§ 4. D. Quelle est la meilleure manière de planter la vigne?

R. On ne plante pas la vigne de la même façon dans tous les vignobles. Voici celle qui paraît être la plus rationnelle, et qui peut être avantageusement employée presque partout.

On ouvre une tranchée dans le sens de la pente du terrain, et sur une largeur égale à la distance qu'on veut mettre entre les lignes de ceps. Cette tranchée étant creusée à une profondeur de cinquante à soixante-quinze centimètres, selon la nature et la pente du terrain, on jette sur le fond bien uni un peu de bonne terre bien meuble, puis on place les boutures, plants enracinés ou barbues, à une distance égale à la largeur de la tranchée, sur le côté qui forme la limite de la vigne. La quantité d'engrais dont on peut disposer est répandue sur les racines des barbues, ou au pied des boutures; on y ajoute des gazons, de la bruyère, des genêts, des fagots de menus branchages ou de sarments, et l'on comble la tranchée en y renversant une seconde bande de terre. Cette seconde tranchée, égale en largeur et en profondeur à la première, est plantée de la même manière, et ainsi de suite jusqu'à la fin, dans les terrains où le plant prend difficilement, et où l'on n'emploie que du plant.

Dans ceux, au contraire, où le plant prend avec facilité, comme aussi lorsqu'on emploie des barbues ou des plants enracinés, qui prennent toujours, on ne plante pas la seconde tranchée, mais seulement la troisième, et ainsi de suite alternativement, jusqu'à l'extrémité du terrain. La vigne se trouve ainsi complètement défoncée, à une profondeur uniforme, excepté à la place qu'on a eu soin de ménager pour les chemins d'exploitation et qu'on a tracés d'avance. On les dispose immédiatement après la plantation.

§ 5. D. Pourquoi ne planter qu'une tranchée sur deux, dans les terrains où le plant prend avec facilité, comme aussi lorsqu'on emploie des plants enracinés ou des barbues?

R. La raison pour laquelle on conseille de ne planter les tranchées qu'alternativement dans les terrains où le plant prend avec facilité, comme aussi lorsqu'on emploie exclusivement des plants enracinés ou des barbues, c'est que, pour obtenir une vigne vigoureuse et durable, il est essentiel que chaque cep, parvenu à une certaine force, soit couché en terre, à la même profondeur que les tranchées de plantation, et forme deux ou trois nouveaux ceps, par un égal nombre de sarments qu'on fait sortir de la fosse où la souche-mère est couchée. C'est là l'opération qu'on appelle *provignage*, dont on parlera bientôt en détail.

Si, à l'époque de la plantation, toutes les tranchées étaient garnies de barbues ou de plants qui prendraient tous, en nombre égal à celui des ceps qui doivent s'y trouver lorsque la vigne sera en rapport, il n'y aurait pas lieu à provigner. Les ceps n'ayant pas alors cette grande quantité de fortes racines, et les ressources en engrais que le provignage leur donne, ne pourraient acquérir ni la même force, ni la même fertilité, ni avoir la même durée.

§ 6. D. N'y a-t-il aucune autre précaution à prendre pour assurer le succès d'une plantation ?

R. Quand le terrain sur lequel on opère repose sur un sous-sol imperméable, qu'il est sujet à retenir l'eau, on pratique une sorte de drainage. Pour cela, on creuse plus profondément une tranchée, à distances plus ou moins rapprochées, selon le besoin, et on y dispose des pierres ou des tuiles creusés en forme de voûte, pour procurer aux eaux souterraines un écoulement facile. On plante d'ailleurs ces tranchées comme les autres, après avoir recouvert les matériaux formant la voûte avec des gazons ou de bonne terre.

Si l'on a à replanter une vieille vigne ruinée, ce qui est la condition la plus défavorable, il est prudent de la détruire complètement et de préparer le terrain par quelques cultures largement engraissées.

§ 7. D. Comment doit-on placer les plantes et les barbues en les plantant ?

R. Les barbues doivent être placées dans les tranchées comme elles l'étaient avant d'être séparées de la souche-mère, c'est-à-dire que la partie de la barbue qui est enracinée doit être établie dans le milieu de la tranchée, et la tige sortir contre le bord, sans être ployée. Quant au plant, il faut le placer verticalement, le bourrelet posé bien droit sur la terre meuble qui garnit le fond de la tranchée. Dans la pratique ordinaire, on couche le plant dans le milieu de la tranchée, et on le redresse à angle droit contre le bord. C'est une méthode vicieuse. Elle favorise le développement des racines dans la partie supérieure du plant, tandis qu'il est essentiel, au contraire, que les principales et les plus fortes racines partent du bourrelet. Un autre inconvénient de cet usage, c'est qu'en couchant le plant il devient nécessaire de le tailler sur la partie la plus élevée, qui ne produit d'ordinaire que de faibles bourgeons. La méthode que nous conseillons a pour conséquence de donner aux plants plus de vigueur et de fertilité.

§ 8. D. Quels sont les travaux d'entretien que demandent les terrains nouvellement plantés en vigne ?

R. Le premier travail à faire après la plantation, c'est de pratiquer dans la nouvelle vigne de petits fossés pour l'écoulement des eaux et la commodité de l'exploitation. Ces petits fossés, appelés ordinairement *rases*, auront d'autant moins de pente, et seront d'autant plus rapprochés, que le terrain sera plus exposé à être raviné par les orages.

On leur donnera plus de pente sur les terrains sujets à retenir l'eau.

Le second travail à pratiquer sur la nouvelle vigne, c'est de la clore. La meilleure des clôtures c'est la muraille, partout où la pierre est sur place et la main-d'œuvre à bas prix. Les haies viennent après les murailles ; on les forme avec l'aubépine et avec les arbustes dont les racines pénètrent profondément dans le sol. Par la clôture des vignes, on les garantit contre le maraudage, on les met en partie à l'abri des gelées tardives du printemps et de l'action des vents ; on est de plus libre de vendanger à volonté, avantage qu'on n'a pas pour les vignes non closes, dans les vignobles où l'autorité locale fixe l'époque de la vendange

Quand la nouvelle vigne est close, on a soin de la tenir constamment en bon état de culture par des façons données à propos, à l'aide des instruments usités dans chaque vignoble. Deux ou trois labours, selon les terrains, suffisent d'ordinaire pour chaque année.

§ 9. D. Comment doit-on conduire les nouveaux plants jusqu'au provignage?

R. Lors de la première façon, on aura soin de déchausser le nouveau plant et de supprimer les bourgeons jusqu'à 20 centimètres de profondeur ; on fera la même chose l'année suivante pour les racines superficielles, qu'on coupera à la même profondeur. Cette opération a pour objet de favoriser le développement des racines inférieures, par lesquelles le plant acquerra plus de force, et de faciliter les façons d'entretien. On ne laissera à chaque plant qu'un ou deux bourgeons, la première et la seconde année, et toujours du même côté du cep ; de manière à ce que tous les coups de serpette ou de sécateur se trouvent d'un côté, et les bourgeons ou jeunes pousses de l'autre. Cette précaution est importante pour la libre circulation de la sève.

Les façons d'entretien seront données au jeune plant après une bonne pluie, pour que les racines, faibles encore, soient moins exposées à se dessécher, et toujours très profondément, pour favoriser le développement des racines inférieures, comme il vient d'être dit.

CHAPITRE III. — TAILLE DE LA VIGNE.

§ 1. D. Quelle est l'époque la plus favorable pour la taille de la vigne?

R. La taille de la vigne doit être précoce dans les vignobles où l'on n'a pas à craindre les gelées tardives du printemps ; tardive, au contraire, dans les vignobles sujets à la gelée. La raison en est que la vigne se développe plus vite et plus tôt au printemps, après la taille précoce qu'après la taille tardive ; elle est, à la vérité, plus exposée à la gelée, mais aussi elle a plus de temps pour mûrir ses raisins, si elle peut y échapper. On entend par taille précoce celle qui se fait dans le courant de novembre et de décembre ; et taille tardive, celle de mars et avril.

La taille précoce convient d'ailleurs aux vieilles vignes et aux ceps faibles, puisqu'elle favorise l'activité et la vigueur de la végétation. Par la raison contraire, on pratiquera la taille tardive sur les jeunes vignes et sur les ceps disposés à s'emporter. Les ceps les plus tardifs devraient, autant que possible, être taillés les premiers, et les plus précoces les derniers. Les vignes situées sur les terrains élevés, secs et maigres, doivent être taillées avant celles qui sont sur les terrains bas et humides. Toutes choses égales d'ailleurs, la taille précoce favorise plus le développement des sarments que celui des raisins, et la taille tardive celui des raisins plus que celui des sarments, selon l'opinion d'Olivier de Serres : *Plus tôt, plus de bois ; plus tard, plus de fruits.*

§ 2. D. Quelles sont les observations générales qu'on doit prendre en considération pour la manière de tailler.

R. L'influence de la lune sur les effets de la taille de tous les arbres, et en particulier sur celle de la vigne, est un fait contesté par certains auteurs, qui préfèrent nier ce qu'ils ne peuvent expliquer. Mais l'agriculteur pratique, qui voit chaque jour s'accomplir tant de mystères dans la nature, sans qu'on puisse en donner l'explication, admet cette influence, et se trouve bien d'opérer selon les faits mille fois observés qui s'y rapportent. Ainsi tous les vignerons savent qu'en taillant la vigne au montant de la lune, comme ils disent, ils obtiendront des jets plus vigoureux en bois, mais moins productifs en raisins ; et qu'en taillant au décours, ils auront un résultat contraire. En conséquence, ils ont grand soin d'appliquer la première méthode aux vignes épuisées et à celles où l'on a besoin de longues pousses pour provigner l'année suivante, et la seconde aux vignes les plus vigoureuses.

Une autre observation importante, c'est que les différentes espèces de cépages demandent une taille différente que la pratique a, dans chaque vignoble, fait adopter comme la meilleure. Il est prudent de se conformer à ces règles, que l'usage a consacrées. Pour certaines espèces, un changement de taille pourrait avoir pour effet, soit de faire avorter ou couler les fleurs, soit de nuire à la maturité du raisin, soit même de faire périr le cep dans très peu d'années.

§ 3. D. Peut-on donner les règles suivies dans chaque vignoble pour la taille de chaque espèce de cépage ?

R. Pour donner les règles de la taille de chaque espèce de cépage, suivies dans chaque vignoble, il faudrait donner la liste de toutes ces espèces. Ces indications ne suffiraient même pas, parce que les différents terrains changent, comme on l'a dit, les espèces, ou du moins les modifient de manière à ce qu'elles paraissent n'être plus les mêmes. Elles doivent donc être conduites différemment dans les divers terrains. C'est pourquoi des préceptes trop particuliers pourraient, en certains cas, induire en erreur. Il est donc beaucoup plus sûr de s'en tenir dans chaque vignoble, pour la manière de disposer et de tailler chaque cep, à la méthode reconnue par l'expérience comme la plus avantageuse, pour chaque espèce, selon sa nature et les modifications particulières qu'elle a pu recevoir.

§ 4. D. Quels sont les principes généraux de la taille de la vigne ?

R. Il est des principes généraux pour la taille de la vigne, qu'il est très important de connaître et de suivre, si l'on veut bien disposer les ceps, et avoir tous les ans, comme l'on dit, du pampre et des raisins.

Malgré une multitude presque infinie de variétés, les cépages peuvent être, pour la taille, divisés en deux classes, savoir : ceux qui, dans chaque vignoble, sont reconnus par l'expérience comme devant être taillés à bois court, et ceux à qui la taille à long bois convient mieux. L'observation a fixé à cet égard les vignerons, dans chaque pays, et il est prudent de ne pas innover à ce sujet. Ceci posé, il faut d'abord ne pas perdre de vue le port qu'on veut donner à la vigne. Dans les terrains pierreux, calcaires et sous les climats chauds, les cépages qui se taillent à bois court demandent à être très près de terre, et n'ont pas besoin d'échalas après cinq ou six ans ; dans d'autres circonstances, les mêmes cépages demandent un peu plus d'élévation, 50 à 75 centimètres, par exemple. Les cépages qui peuvent être taillés à long bois, et qui ont presque toujours besoin d'être échalassés, veulent une plus grande élévation encore ; leur port varie de 75 centimètres à un mètre 75 centimètres de hauteur.

On appelle *côt, courson, brochette,* selon les localités, la partie du sarment qui reste après la souche. lorsqu'elle ne porte que deux ou trois bourgeons, et *ployon, haste, verge, viette* ou *fraille,* le sarment taillé à six, huit ou dix bourgeons.

§ 5. D. Quelle est la manière la plus rationnelle d'opérer la taille pour les cépages qui se taillent à bois court, et qu'on veut disposer près de terre ?

R. Voici la manière de conduire les cépages qui se taillent à bois court, et qu'on veut disposer près de terre. On suppose qu'on opère sur les jeunes ceps formés par le provignage. On les taille pendant deux ou trois ans sur un seul sarment, à deux ou trois bourgeons, pour leur laisser prendre assez de force. On a grand soin de retrancher le bourgeon qui se trouve du côté inférieur et au bas de la branche, par rapport au vieux bois. La suppression de ce bourgeon a pour effet de diriger la sève vers les bourgeons destinés à donner de nouveaux jets. Si le bourgeon intérieur du bas n'est pas supprimé, il pousse ordinairement avec plus de vigueur que les autres, et l'année suivante, quand le moment de tailler est venu, il faut ou couper ce jet, ce qui a l'inconvénient grave de multiplier les plaies du cep, ou bien tailler sur ce bois, ce qui a l'inconvénient bien plus grave encore pour le cep, de placer le *côt* entre deux plaies ou coupures. Le vieux bois se desséchant de chaque côté, le *côt* se trouve pris comme entre deux coins de bois ; la sève ne circule pas librement, et lorsque les deux plaies se trouvent tout-à-fait vis-à-vis l'une de l'autre, le cep ne tarde pas à périr.

Lorsque le jeune cep a pris assez de force, on laisse un côt sur chacun des deux sarments inférieurs, opposés l'un à l'autre et portant chacun deux bourgeons seulement. A mesure que le cep prend de la force, on peut lui laisser un et deux *côts* de plus, selon les espèces, en observant toujours avec le plus grand soin ce qui vient d'être dit au sujet de la suppression du bourgeon intérieur de chaque côt, et en disposant les côts de manière à ce qu'ils forment un triangle ou un carré régulier, ce qui est important pour que les raisins soient mieux divisés sur le cep, et reçoivent plus également l'air, la lumière et le soleil. Au bout de trois ou quatre ans, les ceps traités ainsi formeront gobelet, et pourront être abandonnés à eux-mêmes, ayant assez de force pour se soutenir sans échalas.

§ 6. **D.** Comment conduit-on les ceps qui se taillent à long bois, et auxquels on veut donner une hauteur de 1 mètre à 1 mètre 75 centimètres?

R. La conduite des ceps qui se taillent à long bois, et auxquels on veut donner une hauteur de 1 mètre à 1 mètre 75 centimètres, repose sur les mêmes principes, mais demande encore plus de soin et d'attention.

On ne le taillera d'abord que sur un seul sarment, en lui laissant successivement trois, quatre, cinq ou six bourgeons, selon la force du cep. Il faut bien se garder de vouloir lui donner trop vite la hauteur qu'il doit atteindre ; ce serait aux dépens de sa bonne constitution et de sa durée. On peut comparer les ceps venus de la sorte à ces enfants qui grandissent trop vite, et qui n'ont jamais qu'un faible tempérament.

Lorsque le cep aura atteint 60 centimètres environ de hauteur, on lui laissera un *côt* de deux bourgeons et une *fraille* ou *verge* de six bourgeons seulement. Cette *fraille* ou *verge*, étant destinée à être ployée en arc, doit avoir une longueur suffisante pour que cette opération puisse être faite sans rupture. A cet effet, si les bourgeons sont trop rapprochés les uns des autres, pour que les six premiers ne donnent pas assez de longueur, on en laissera un, deux et trois de plus, à la charge d'en retrancher un égal nombre, à partir du vieux bois, dans le sens où l'arc doit être ployé. Le *côt* sera toujours au-dessous de la *fraille*, parce qu'il est destiné à donner toujours des sarments placés de manière à pouvoir former utilement de nouvelles *frailles*, et à ravaler le cep, lorsque celui-ci dépasserait la hauteur qu'on veut lui donner. On augmente le nombre des côts ou des frailles, à mesure que le cep prend la force suffisante pour ce surcroît de charge, en observant qu'il vaut toujours mieux ne pas assez charger la vigne que de la trop charger. Le sarment doit être, immédiatement après la taille, lié en fagots, grands ou petits, selon l'usage des lieux ; c'est pour la vigne un bon engrais qui se trouve porté sur place.

§ 7. D. Ce qui a été dit au sujet de la suppression du premier bourgeon intérieur s'applique-t-il à la taille des cépages qui se taillent à long bois ?

R. C'est surtout dans la direction des cépages qui se taillent à long bois, que la suppression du premier bourgeon intérieur du bas de chaque *côt* ou *fraille* est importante. Le bois de la plupart de ces espèces est très tendre et a beaucoup de moelle ; elles redoutent par conséquent, plus encore que les espèces à bois dur, l'étranglement qui résulte de la position du *côt* ou de la *fraille* entre deux tailles ou coupures, vis-à-vis l'une de l'autre.

§ 8. D. Quel est l'instrument qu'on doit préférer pour la taille de la vigne ?

R. L'instrument qui convient le mieux pour la vigne est le sécateur. La serpette est un très bon instrument, mais l'usage en est assez dangereux et peu expéditif. On accuse le sécateur de meurtrir le bois ; mais ce reproche n'est fondé que pour les instruments mal ajustés, qui coupent mal, et dont on ne sait pas se servir. Un sécateur bien fait, bien entretenu, fait une coupure très nette. Il se manœuvre d'ailleurs avec beaucoup plus de facilité et de rapidité que la serpette, sans présenter les mêmes dangers.

Il est facile d'obvier à l'inconvénient de la meurtrissure des sarments, en les coupant à trois centimètres environ du bourgeon. On recommande beaucoup de tailler au milieu même du nœud qui se trouve au-dessus du dernier bourgeon qu'on veut conserver.

Cette pratique, d'ailleurs assez désagréable à l'œil, offre cet avantage important d'empêcher la pourriture et l'action pernicieuse du froid sur la moelle. Elle est ainsi, en effet, à l'abri du contact direct de l'air, chaque nœud offrant un point dépourvu de moelle.

CHAPITRE IV. — PROVIGNAGE DE LA VIGNE.

§ 1. D. En quoi consiste le provignage?

R. Le provignage consiste dans l'opération de coucher les ceps en terre, pour en former de nouveaux, au moyen des plus vigoureux sarments qu'on dispose à cet effet, en les redressant à égale distance dans les fosses creusées pour coucher les souches-mères en terre. Il se pratique sur les jeunes plants et sur les vieilles vignes.

§ 2. D. Quel est l'objet du provignage sur les jeunes plants?

R. L'objet du provignage sur les jeunes plants est premièrement de garnir le plant du nombre de ceps qu'il doit avoir, et, secondement, de rendre la vigne à la fois plus fertile est plus vigoureuse.

Dans l'opération du provignage, en effet, on donne au cep des aliments abondants par les engrais qu'on lui applique, et de puissants organes pour en profiter, par la transformation de la tige et de tous les sarments conservés, en autant de mères-racines qui portent au nouveau cep les sucs nourriciers qu'elles tirent avec avidité de la terre ameublie et engraissée.

Plus la sève a de trajet à parcourir, plus elle a le temps de se perfectionner et de produire des raisins

en parfaite qualité. C'est ce qui explique la supériorité des vins provenant des vignes provignées à plusieurs reprises et depuis longtemps, sur ceux des
nouvelles vignes qui n'ont pas été provignées, ou qui
l'ont été récemment. On n'entend parler que des vins
communs, et non des vins fins, dont la qualité est al-
térée par les engrais.

§3. D. Quel est l'objet du provignage des vieilles vignes?

R. Le provignage sur les vieilles vignes a pour objet, premièrement, de garnir successivement les places vides, par la multiplication de ceps qui en est la
conséquence ; secondement, de renouveler les ceps
épuisés ou languissants, auxquels il donne une nouvelle vie, et assez de force pour être provignés une
seconde et une troisième fois au besoin ; et troisièmement, de propager les bonnes espèces en les substi-
tuant aux mauvaises.

Ces avantages n'ont, pour ainsi dire, pas besoin
de démonstration. Il est bien évident, en effet, qu'il
y a grande perte pour le vigneron à n'avoir pas sa
vigne suffisamment garnie, car il a moins de produit
pour autant de travail. Le provignage est donc,
sous ce rapport, d'une importance majeure. Il en est
de même au sujet du renouvellement des ceps épuisés
ou languissants. Quelle différence d'avoir une vigne
bien garnie de ceps vigoureux, et abondance de bon
raisin, ou de n'avoir que de vieilles souches épuisées
pouvant à peine porter un peu de pampre chaque
année ! Exécuté avec soin et intelligence, le provignage est un moyen certain de rendre la vigne, pour
ainsi dire, immortelle, et d'éviter la dégénération des
espèces.

Le troisième avantage qu'offre le provignage dans
les vieilles vignes, n'est pas moins important. En
taillant l'année précédente, on a eu soin de ne laisser

que très peu de bois aux ceps de bonne espèce qu'on veut multiplier, afin qu'ils poussent des jets assez vigoureux pour être provignés, et peu à peu on garnit ainsi une vigne des espèces les plus précieuses pour l'abondance et la qualité des produits, sans craindre de les faire dégénérer.

§ 4. D. Le provignage des vieilles vignes n'offre-t-il pas d'autres avantages ?

R. Le provignage des vieilles vignes offre encore deux autres avantages essentiels. Il nécessite un défoncement partiel qui fait, comme les vignerons disent, *de la terre neuve,* et il engraisse la vigne par l'enfouissement des matières avec lesquelles on fume les provins.

Ce double effet du provignage a une très heureuse influence sur les ceps voisins ; leurs racines trouvant à s'étendre librement dans un sol profondément défoncé, bien meuble et bien engraissé, ils reprennent une nouvelle vigueur, et paient le vigneron laborieux et intelligent de ses travaux et de ses dépenses, par une notable augmentation de produits.

§ 5. D. Comment s'exécute le provignage ?

R. Le provignage a lieu depuis le mois de novembre jusqu'à la pousse des bourgeons. Il est essentiel d'opérer par un temps et sur un terrain secs. Au pied du cep qu'on veut provigner, on creuse une fosse en carré long, en triangle ou en carré parfait, selon que le cep ou les ceps à coucher en terre doivent former deux, trois ou quatre nouveaux ceps, ou même un plus grand nombre. Cette fosse doit toujours être creusée à la profondeur des *tranchées* ou *bancades* de plantation. Sans cette précaution, les nouveaux ceps ne jettent que des racines superficielles ce qui est une cause de faible durée, et gêne beaucoup dans les façons d'entretien. Puis on déchausse la mère-souche avec beaucoup de précaution, en évitant d'offenser les moindres racines. Lorsque le cep est ainsi déchaussé et qu'il ne tient plus que par les racines inférieures, on le couche doucement sur un lit de quelques centimètres de bonne terre bien meuble, qu'on a prise à la superficie de la vigne, et qu'on a étendue au fond du provin ; ensuite on dirige chaque sarment à la place qu'il doit occuper, par une pression douce et successive exercée sur chacune de ses parties ; on le redresse au moyen d'un échalas auquel on l'attache avec un ou deux liens de paille ; on recouvre de trois doigts de bonne terre ou de gazon ; on laisse la terre se bien ressuyer, puis on fume, on achève de combler, et on ne laisse à chaque sarment que deux ou trois bourgeons.

§ 6. D. Le mode de provignage par défoncement peut-il être employé partout ?

R. Sur les coteaux calcaires, où se trouvent des veines de terre très substantielles, entre des bancs de roche qu'il serait souvent trop coûteux d'extraire pour défoncer et niveler le terrain, on ne peut opérer par défoncement complet ni même partiel, soit pour la plantation , soit pour le provignage de la vigne.

Ces sortes de terrains conviennent admirablement d'ailleurs à la culture de la vigne, qui y prospère sans beaucoup de travail.

Faire un trou à la pioche, ou même à l'aide d'une forte barre de fer, entre les fissures des rochers ; y insinuer un plant enraciné ou non, à la profondeur de 50 centimètres ; tailler et entretenir comme on l'a dit ; garnir les places vides au moyen de sarments couchés en terre, ainsi qu'on l'a indiqué pour faire les marcottes ou barbues (chap. II, n° 2) ; ne les séparer de la souche-mère que trois ou quatre ans après, en faisant chaque année une entaille à la *bride* ou *sautelle* qui les réunit, jusqu'à ce qu'elle soit tout-à-fait coupée ; tailler d'ailleurs selon les principes posés, telle est la manière bien simple de cultiver la vigne sur ces terrains. Les produits y sont généralement assez abondants, de bonne qualité, et d'autant plus positifs, que les frais de plantation et de culture sont très faibles.

§ 7. D. Doit-on fumer les provins ?

R. Dans les vignes qui donnent des vins de premier choix, des *vins fins*, comme on les appelle, on ne doit pas fumer les provins. On obtiendrait plus de vin par l'emploi des engrais, mais ce serait au détriment de la qualité. Les façons données à propos et fréquemment, les soins intelligents dont elles sont l'objet, tels que l'ébourgeonnement, la rognure, l'épamprement, sont les seuls moyens qu'on doive employer pour entretenir les vignes de cette nature en bon état.

Il n'en est pas ainsi des vignes qui produisent un *vin commun*. Elles doivent être fumées au moment de la plantation et du provignage, avec des engrais qui n'altèrent pas sensiblement la qualité du vin, et donnent une grande vigueur à la vigne. En se bornant à ceux qui ont été indiqués au chap. I, n° 4, on n'obtiendra sous ce rapport que d'excellents résultats.

§ 8. D. Comment se fait l'échalassement des vignes ?

R. Il y a un grand nombre de cépages qui n'ont pas assez de force pour se soutenir par eux-mêmes. Il est donc nécessaire de leur donner des tuteurs pour les maintenir, et pour garantir les jeunes pousses et les raisins contre l'action des vents. On se sert pour cela d'échalas dont la force et la longueur sont proportionnées à celle des ceps, on les fixe solidement en terre, et l'on y attache la vigne par des liens de paille. L'usage des liens en osier est défectueux, parce qu'ils blessent la vigne.

L'échalassement se fait par un temps humide et doux. Ces deux circonstances sont importantes pour que les échalas puissent plus facilement pénétrer dans le sol, et pour que les *frailles* ou *verges* se ploient sans se casser. Pour être bien fixe, un échalas doit pénétrer d'au moins 33 centimètres dans le sol ; et il ne faut pas épargner les ligatures pour que le cep lui soit solidement attaché.

On aura le soin de n'employer que de vieux échalas pour les provins, parce qu'on a remarqué que les jeunes plants souffrent du suintement d'une matière noirâtre qui a lieu de la partie des échalas neufs qui est fichée en terre.

§ 9. D. Quels sont les bois les plus propres à servir d'échalas?

R. On peut à la rigueur employer presque tous les bois comme échalas, mais la durée en est bien variable. Les meilleurs sont ceux de pin, d'acacia et surtout de châtaignier. Le bois fendu, surtout le bois un peu fort, dit de *quartier*, en fournit de plus durables que ne le sont ceux qui sont faits d'un seul brin. Tantôt, dans les pays où le bois est rare, on leur donne la même grosseur en les aiguisant en pointe à chaque extrémité, afin qu'en les changeant de côté chaque année, ils se conservent plus longtemps ; tantôt on ne les aiguise que d'un côté, et l'on diminue leur force dans la partie opposée, pour qu'ils soient plus fixes en terre, et donnent moins de prise aux vents. C'est une bonne méthode que de les retirer de terre après la vendange. Ils s'usent moins vite. Il est essentiel de ne les employer que lorsqu'ils sont très secs. Dans le cas contraire, ils se courbent facilement dans le sens de l'écorce, qu'on a toujours le soin d'enlever, afin qu'elle ne serve pas de retraite aux insectes. Il est d'une bonne administration de faire les échalas une année pour l'autre, dans les journées pluvieuses, ou bien dans les plus mauvais jours de l'hiver. Le bois de châtaignier destiné à faire les échalas doit être coupé au croissant de la lune de mars, s'il s'agit d'un taillis, afin que les souches puissent pousser de vigoureux jets dans le courant de la même année. On augmente sensiblement la durée des échalas en faisant légèrement carboniser la partie qui doit être fichée en terre. On conseille aussi de l'enduire de goudron, et mieux de coaltar.

CHAPITRE V. — DES SOINS ET FAÇONS D'ENTRETIEN.

§ 1. D. Quels sont les façons et les soins d'entretien qu'il est utile de donner à la vigne ?

R. Les façons et soins d'entretien qu'il est utile de donner à la vigne sont de trois sortes, savoir : 1° les façons à donner au sol pour l'ameublir, l'ouvrir aux influences de la chaleur et détruire les mauvaises herbes ; 2° l'entretien des clôtures, des murs de soutènement, des rases et des chemins d'exploitation ; 3° les soins particuliers que demandent les ceps eux-mêmes.

Dans les vignes pleines, c'est-à-dire où la totalité du terrain est occupée par des ceps, placés à égale distance les uns des autres, et qui sont les seules dont on s'occupe ici, les façons se font toutes à bras d'hommes. Les vignerons les plus soigneux donnent trois façons à leurs vignes ; la plupart se contentent d'en donner deux, quelques-uns seulement une. L'action de donner ces différentes façons s'appelle : *fossoyer* ou *fouir* pour la première ; *biner* pour la seconde, *rebiner* ou *tercer* pour la troisième.

Le nombre des façons, en supposant d'ailleurs qu'elles soient exécutées à propos et avec soin, influe beaucoup sur la vigueur de la vigne et la quantité de ses produits. L'expérience a depuis reconnu cette vérité, comme l'atteste ce vieux proverbe du Languedoc, rapporté par Olivier de Serres : *Qui fouoy, boit ; qui bine, vine ; qui terce, verse.*

§ 2. D. A quelle époque convient-il de donner la première façon aux vignes ?

R. L'époque la plus convenable pour la première façon, c'est lorsqu'on n'a plus à craindre les gelées tardives, et que la terre est déjà bien échauffée par la douce chaleur du printemps. Alors, par un temps sec et chaud, la terre ayant assez d'humidité pour être facilement travaillée, on commence à *fossoyer* ou à *fouir*. Il faut éviter d'opérer soit par une pluie froide, soit au dégel ; la terre se *morfondrait*, comme les vignerons disent, et la vigne en souffrirait beaucoup, et pour longtemps.

On suppose qu'à l'époque de la taille ou de l'échalassement, on a pratiqué sur les jeunes ceps d'un, deux et trois ans, le déchaussement qui a été décrit au chapitre II, n° 9. Cette précaution est, comme on l'a dit, très importante pour assurer la vigueur du cep en le forçant d'étendre ses racines dans la partie inférieure du sol, et pour faciliter les labours que gênerait beaucoup la présence des racines superficielles. Si l'on a négligé cette opération auparavant, on ne manquera pas de la faire en fossoyant, et l'on coupera bien ras toutes les racines des jeunes ceps à une profondeur de 20 centimètres environ. Toutefois, il est de beaucoup préférable de prendre ce soin à l'époque de la taille, parce que les plaies ont le temps de se cicatriser avant la montée de la sève, tandis que ces petites blessures épuisent un peu le cep, par la perte de sève qui en résulte lorsqu'elle est en mouvement et que la vigne *pleure*, comme on dit.

§ 3. D. De quelle manière et à l'aide de quels instruments se donne la première façon ?

R. La première façon est celle par laquelle on doit remuer le sol à la plus grande profondeur. Dans les vignes plantées comme on l'a conseillé, plus ce premier labour est profond, meilleur il est : 25 à 30 centimètres ne sont pas trop, quand la nature du terrain le permet.

Il est essentiel que toute la terre soit parfaitement remuée dans toute la profondeur du labour ; on l'exécute à l'aide de divers instruments, selon les usages des différents vignobles et selon l'état du sol. Dans les vignes où la bêche peut fonctionner, on l'emploiera avec avantage, pourvu que ce soit avec le beau temps, et qu'on ait soin de bien niveler la surface du labour, afin que les mauvaises herbes ne puissent pousser entre les pelletées de terre. Dans certains vignobles, on se sert de la houe, dont les dimensions varient, selon que le terrain est plus ou moins pierreux. L'instrument le plus usité, c'est le *bident* ou *hoyau*, dont les dents sont plus ou moins larges ou pointues, selon que le sol contient moins ou plus de pierres ou de cailloux.

Le bon fossoyeur n'opère pas en attirant la terre dans le sens de la pente, pour peu qu'elle soit considérable, mais il marche obliquement en prenant la vigne en travers, pour ne pas entraîner la terre. Il enfonce profondément son instrument en terre, la retourne sens dessus dessous, secoue les mauvaises herbes qui s'y trouvent, jusqu'à ce qu'il n'y ait plus de terre aux racines, et il les jette derrière lui. Il évite de fouler et de piétiner la terre ; pour cela il fossoie aussi loin qu'il le peut sans changer de place, et donne un coup de son outil sur celle qu'il a quittée. Il prend bien garde de ne pas blesser les ceps, de ne pas frapper les échalas, ni offenser les jeunes pousses de la vigne, qui tombent alors au plus léger choc.

§ 4. D. A quelle époque et dans quelles conditions se donnent la seconde et la troisième façon ?

R. La seconde façon se donne après une pluie douce, par un beau temps, dès que le premier labour a fait croûte, et que les mauvaises herbes reparaissent. Elle demande les mêmes soins de précaution, seulement le labour doit être moins profond.

La troisième façon ne doit jamais être donnée lorsque la terre est très sèche et la chaleur très forte ; elle aurait, en ce cas, pour effet de faire sécher les raisins. Elle se donne très à propos, et avec un grand avantage, par un temps couvert et après une douce pluie. La terre ne doit pas être remuée profondément, mais seulement sarclée, pour ainsi dire, afin de détruire les mauvaises herbes, et d'ameublir la surface du sol.

Pour faciliter toutes ces façons et surtout la première, on aura grand soin de ne jamais entrer dans la vigne pour la tailler ou la provigner, lorsque la terre sera très humide. Le piétinement a, dans ce cas, pour résultat de tasser fortement la terre, de la rendre plus compacte et plus difficile à travailler.

11.

§ 5. D. A quelle époque s'exécutent les travaux d'entretien relatifs au curage des rases et des chemins d'exploitation, et aux réparations des clôtures et des murs de soutènement?

R. C'est dans le courant de l'hiver qu'on fait aux clôtures et murs de soutènement les réparations nécessaires. Négliger ce soin, c'est s'exposer à des dépenses qui deviendraient plus tard plus considérables, et à des dommages qu'on peut facilement prévenir. Une pierre replacée à propos, empêche la chute d'un pan de mur ; un buisson planté, quelques épines bien placées, ferment dans la haie une trouée, un passage qui expose la vigne à bien des dommages de plusieurs sortes.

Quant aux rases et aux chemins d'exploitation, il est d'une bonne administration de les tenir constamment en bon état, et, pour cela, de les curer immédiatement après chaque façon. Cette précaution est surtout essentielle dans les vignes en pente, sujettes à être ravinées par les orages. Si dans l'intervalle d'une façon à l'autre, il survient une de ces fortes pluies qui entraînent la terre dans les rases et les chemins d'exploitation, on aura grand soin, dès le lendemain, ou le jour même, si c'est possible, de les curer de nouveau ; sans cela, une nouvelle pluie pourrait faire rompre le bord de la rase ou du chemin, et raviner la vigne entière.

§ 6. D. Quels sont les soins particuliers que demandent les ceps eux-mêmes ?

R. Les soins particuliers que demandent les ceps eux-mêmes depuis l'échalassement jusqu'à la vendange, sont : 1° l'*accolage;* 2° l'*ébourgeonnement* et l'*épamprement;* 3° la *rognure.*

§ 7. D. Qu'est-ce que l'accolage ?

R. L'accolage consiste à attacher à l'échalas les jeunes pousses de la vigne, à mesure que cette opération devient possible. Il a pour effet de donner au pampre un point d'appui contre la violence des vents. L'accolage est très important. Il n'est pas rare de voir des vignes entières, et précisément les plus vigoureuses, parce que ce sont celles où les jeunes pousses sont les plus grasses, ravagées par un coup de vent, lorsqu'on n'a pas fait l'accolage à temps. Certains auteurs recommandent de ne procéder à l'accolage qu'après la floraison. Nous pensons, au contraire, qu'on ne saurait le commencer trop tôt, pourvu qu'on le fasse avec intelligence, c'est-à-dire sans serrer les jeunes pousses contre l'échalas, et en les liant souvent par la feuille inférieure. On se sert pour cela de paille de seigle, qu'on a fait préalablement tremper, afin de la rendre plus flexible. On aura d'ailleurs grand soin de ne pas lier confusément ensemble trop de pampres ; il faut qu'ils soient assujétis, mais non serrés, et que l'air et la lumière puissent circuler librement dans leur partie inférieure et partout où se montrent les raisins. On doit généralement accoler immédiatement avant chaque façon, et en particulier à mesure que l'utilité de cette opération se fait remarquer.

§ 8. D. En quoi consistent l'ébourgeonnement et l'épamprement?

R. L'ébourgeonnement consiste à retrancher tous les jets qui ne portent pas de fruit, ou qui ne sont pas nécessaires pour la taille ou le provignage. L'épamprement consiste à retrancher, de plus, une partie des feuilles qui couvrent le raisin, afin que celui-ci reçoive plus directement les rayons du soleil et mûrisse mieux. Dans la pratique ordinaire, on confond ces deux opérations sous le même nom d'épamprement.

§ 9. D. Quels sont les effets de l'ébourgeonnement et de l'épamprement ?

R. L'ébourgeonnement et l'épamprement sont des pratiques très avantageuses à la vigne, lorsqu'elles sont faites avec soin. Sur les vignes maigres, ces opérations doivent se faire avant la floraison, et seulement après, sur les vignes très vigoureuses. La raison en est que, pour les premières, le retranchement des jets inutiles donne plus de force aux sarments fertiles, qui fleurissent alors dans de meilleures conditions. Pour les secondes, cet excès de force pourrait occasionner la coulure.

L'ébourgeonnement et l'épamprement contribuent à donner plus de force aux sarments conservés, à faire grossir les raisins, à leur donner plus d'air, de lumière et de chaleur. Ces opérations, confiées le plus souvent aux femmes, devraient être toujours exécutées par les vignerons qui sont habiles dans la taille de la vigne.

L'observation faite précédemment au sujet de la suppression, lors de la taille, du bourgeon inférieur qui se trouve du côté intérieur du cep, s'applique à l'ébourgeonnement. Si ce bourgeon a échappé lorsqu'on taillait, il faut du moins supprimer le jet qu'il a produit, fût-il chargé de raisins, et conserver le jet opposé, lors même qu'il n'en porterait aucun, parce que ce jet est toujours destiné à maintenir le cep.

§ 10. D. Qu'est-ce que la rognure, et quels en sont les effets ?

R. Dans plusieurs vignobles on a l'habitude, vers la fin de juillet, de couper l'extrémité des sarments en ne leur laissant qu'une longueur de 60 centimètres environ. Cette opération, qu'on appelle rognure, peut être utile pour donner plus de soleil aux raisins, elle force les bourgeons inférieurs à se former en bourgeons à fruit, et maintient ainsi le cep à une hauteur moyenne. Il faut avoir soin de supprimer ensuite, à mesure qu'elles paraissent, les nouvelles pousses qui se montrent sur les pampres rognés.

Quant aux vignes basses, qui n'ont pas d'échalas, on a le soin, après l'épamprement, de prendre la moitié des sarments de chaque cep d'une main, et l'autre moitié de l'autre, et on les fixe ensemble en faisant passer à plusieurs reprises les unes autour des autres. Cette opération, qu'il ne faut pas d'ailleurs pratiquer, non plus que celle de la rognure, sur les ceps destinés à être provignés, fait refluer la sève vers les raisins et les fait grossir.

CHAPITRE VI. — MALADIES DE LA VIGNE. — ACCIDENTS QUI NUISENT A SES PRODUITS.

§ 1. D. Quelles sont les principales maladies et les principaux accidents qui nuisent à la production de la vigne?

R. Les maladies et les accidents qui nuisent à la vigne sont en grand nombre. Il est inutile de parler ici des effets souvent désastreux des intempéries, auxquelles il n'y a aucun remède, telles que : les pluies prolongées, la sécheresse, les vents impétueux, la grêle. On parlera seulement des maladies ou des accidents qu'on peut, non pas guérir ou empêcher, mais dont on peut du moins prévenir ou combattre les tristes effets. Ce sont : la nouvelle maladie appelée *oïdium*, la *coulure* et la *gelée du printemps*.

§ 2. D. Qu'est-ce que l'*oïdium*?

R. Les savants ont essayé d'expliquer l'origine de cette maladie désastreuse. Les uns disent qu'elle est particulière au cep, et engendrée par l'abus des engrais et l'humidité extraordinaire des étés. D'autres prétendent que l'*oïdium* n'est pas une maladie propre à la vigne, mais qu'il affecte beaucoup d'autres plantes, comme la pomme de terre, les arbres fruitiers, les rosiers, l'aubépine, etc., et que la cause en est dans l'air.

Il est probable que cette espèce de cendre qui couvre les raisins et les feuilles des vignes attaquées, et les tâches noirâtres qu'on voit sur les sarments des mêmes vignes, ne sont autre chose que des espèces de petits champignons de la même nature à peu près que les mousses blanchâtres qui vivent sur la plupart des branches d'arbres épuisées, et jusque sur les rochers. Les vignes attaquées ont en effet l'odeur des mauvais champignons, et comme ces derniers, l'*oïdium* vient sans qu'on sache comment. Son effet sur les raisins est d'empêcher les grains attaqués de croître davantage, la peau ne se dilatant plus, et la sève continuant d'arriver au grain, celui-ci crève et se dessèche. Quant aux tiges, elles sont arrêtées dans leur croissance ; le bois ne mûrit pas, se dessèche et meurt, et souvent la souche elle-même périt aussi, étouffée par la sève qui ne trouve plus de tiges ni de feuilles à alimenter.

§ 3. D. Quels sont les remèdes contre l'*oïdium*?

R. Les remèdes qu'on indique contre l'*oïdium* sont plus nombreux qu'ils ne sont efficaces ou d'une application facile, du moins en grand. Les uns conseillent d'asperger les vignes atteintes, et surtout les raisins, avec de la lessive ; les autres avec de l'eau salée ; ceux-ci avec de l'eau de chaux ; ceux-là avec de l'eau dans laquelle on a fait dissoudre du vitriol. Certains recommandent de baigner les raisins dans l'eau presque bouillante ; certains autres veulent qu'on donne aux ceps des fumigations sulfureuses.

De tous les moyens employés jusqu'ici contre l'*oïdium*, le soufrage à sec paraît être le seul véritablement efficace.

Il consiste à saupoudrer légèrement, avec de la fine fleur de soufre sublimé, et par un temps sec et chaud, les raisins et toutes les parties vertes du cep, à l'aide soit d'une houppe, soit d'un soufflet destiné à cet usage.

Le plus ardent apôtre du soufrage en France, M. le comte de La Vergne, grand propriétaire en Médoc, a inventé un soufflet auquel il a donné son nom et qui remplit parfaitement cet objet.

Il faut renouveler l'opération, dans les mêmes conditions, aux premiers signes de chaque nouvelle invasion de l'*oïdium*. La cendre très fine et la poussière de chaux produisent, dit-on, des effets analogues.

Quoique le soufrage soit une opération assez coûteuse, il est cependant très profitable de le pratiquer, car, exécuté à temps avec de bon soufre, et dans les conditions de température requises, il préserve en grande partie la vigne et assure ainsi une récolte qui serait, le plus souvent, totalement perdue sans lui.

On a préconisé le moyen suivant comme très efficace : raccourcir les tiges et ne leur laisser que 50 centimètres de longueur, après la floraison. Quinze jours après, les raccourcir encore de deux bourgeons. On donne pour explication de l'effet produit, que l'*oïdium*, venant de l'air, la cime est d'abord atteinte, et que le procédé indiqué l'empêche de pénétrer jusqu'au raisin.

§ 4. D. Qu'est-ce que la coulure, et comment peut-on en prévenir les effets ?

R. La coulure est un accident par lequel les fleurs

de la vigne avortent et tombent sans former de grains. Plusieurs causes produisent cet effet qui, en certaines années et dans certains vignobles, va jusqu'à la perte totale de la récolte.

Les pluies froides, les vents froids, régnant au moment de la floraison, font couler certaines espèces de raisins; il en est quelquefois de même d'une végétation trop vigoureuse.

Il n'existe pas de remède contre la coulure provenant des intempéries. Il est un moyen bien simple de remédier à la coulure qui résulterait du trop de vigueur des ceps; il n'y a, dans ce cas, qu'à les charger un peu plus, ou à faire une incision circulaire autour du cep dans sa partie inférieure, au moment où la floraison va commencer.

§ 5. D. Y a-t-il quelques moyens de préserver la vigne des gelées tardives du printemps?

R. Il n'y a pas de remèdes contre la gelée d'hiver lorsqu'elle est assez forte pour détruire les bourgeons et attaquer le bois. On prévient en partie l'effet désastreux des gelées du printemps, premièrement en donnant à la vigne le plus d'abris qu'on peut, et aussi à chaque cep, en l'échalassant, en plaçant la tige de manière à ce qu'elle soit abritée du levant par l'échalas; secondement en faisant beaucoup de fumée après une matinée froide, au moment du lever du soleil. Les gelées blanches ne sont à craindre que lorsque l'air est calme et pur; si, au moment où se forme la gelée blanche, un nuage venait à s'interposer entre le soleil et la vigne, celle-ci se trouverait préservée. C'est l'expérience de ce fait qui a appris au vigneron intelligent et soigneux à placer d'avance autour de sa vigne, et dans les chemins d'exploitation, des tas de broussailles et d'herbes, pour s'en servir au besoin. Voici comment l'on opère : On allume ces tas de broussailles du côté d'où vient le vent, au moment où le soleil se lève ; on entretient le feu en mouillant les tas, de manière à ce qu'en brûlant très lentement, ils produisent une fumée très épaisse. Cette fumée forme entre le soleil et la vigne une espèce de nuage assez épais, pour empêcher les pernicieux effets des rayons du soleil sur les plantes délicates couvertes de gelée blanche. Pourvu que cette gelée se dissipe lentement, sans être frappée par les rayons du soleil, la vigne sera préservée.

Mais ce n'est pas le matin même de la gelée qu'il faut s'occuper de ces soins ; ils arriveraient trop tard, car il faut, pour qu'ils soient efficaces, produire longtemps beaucoup de fumée. Le vigneron soigneux, prévoyant que ce malheur peut lui arriver, disposera, comme on l'a dit, une grande quantité de petits tas de matières combustibles, pour n'être pas pris au dépourvu, et se préserver au besoin de la perte partielle ou même totale de sa récolte.

CHAPITRE VII. — VENDANGE. — VINIFICATION.

§ 1. D. A quelle époque et comment doivent se faire les vendanges ?

R. On doit attendre la parfaite maturité du raisin pour commencer les vendanges. Si les espèces sont séparées, ce qui est très avantageux à tous égards, on commence par les plus précoces et on continue par les autres, jusqu'aux plus tardives. Dans le cas contraire, on procède de deux manières. Ou bien l'on passe à plusieurs reprises dans la vigne, vendangeant d'abord tout ce qu'il y a de plus mûr et de meilleur, et ensuite tout le reste, pour faire plusieurs qualités de vin; ou bien, plus communément, on attend que les espèces les plus tardives soient mûres, pour vendanger le tout indistinctement. Cette dernière manière est la seule qui puisse être employée pour les vignes non closes, dans les vignobles où l'autorité fixe l'époque des vendanges.

. De quelque manière qu'on opère à cet égard, on ne vendangera ni par la pluie ni avant la disparition de la rosée, à moins de nécessité. La pratique contraire a le double inconvénient d'introduire de l'eau dans le moût et de refroidir la cuvée.

Les grappes seront coupées sans secousses, en les soutenant avec la main, et aussi près que possible des grains, avec un instrument bien tranchant. On enlèvera avec soin tous les grains verts, secs ou pourris; le tout, en évitant de froisser les grappes voisines, de tordre ou de rompre les sarments.

§ 2. D. Est-il avantageux de fouler à moitié les raisins pour les transporter dans la cuve ?

R. Le foulage partiel des raisins avant de les transporter dans la cuve a ses avantages et ses inconvénients. Ses avantages sont : de diminuer le volume des raisins dont on peut ainsi transporter de plus grandes quantités; de favoriser une fermentation très rapide, et, par conséquent, de permettre de vider plus tôt la cuve, si l'on a besoin de la remplir encore par suite de l'abondance de la récolte.

Les inconvénients du foulage partiel des raisins à la vigne sont : d'interrompre et de déranger la fermentation, si l'on ne remplit pas la cuve dans la même journée, et d'empêcher les raisins de compléter leur maturité par la fermentation insensible qui résulte de leur entassement.

§ 3. D. En quoi consiste l'égrappage et quels en sont les effets?

R. L'égrappage consiste à séparer les rafles des grains, avant le foulage.

Dans certains vignobles on égrappe complètement; dans d'autres on égrappe en partie; dans d'autres enfin, on ne pratique pas l'égrappage.

L'égrappage est utile lorsque les raisins ne sont pas bien mûrs, et pour obtenir des vins fins.

L'égrappage est, au contraire, nuisible dans les vignobles où la maturité est complète, et lorsque les raisins ont une saveur trop sucrée et douceâtre. Il est à remarquer cependant que, dans la pratique, l'égrappage se fait plus généralement dans les contrées où les raisins sont les plus doux et mûrissent le mieux, et qu'il est très rare dans les vignobles où les raisins sont moins sucrés. C'est précisément le contraire qui devrait avoir lieu.

La présence de la grappe dans la cuve maintient les pellicules des raisins foulés; elle facilite la fermentation et communique au moût un principe acerbe qui assure au vin une plus longue conservation.

On égrappera ou l'on n'égrappera pas, en tout ou en partie, selon les circonstances où l'on se trouvera, d'après ce qui vient d'être dit.

§ 4. D. Quand et comment convient-il de fouler les raisins?

R. Les raisins qui n'ont subi aucun foulage partiel avant d'être transportés dans la cuve peuvent, sans inconvénient, y séjourner quelquefois huit et dix jours avant d'être foulés. Il n'en est pas de même des autres; un trop long séjour dans la cuve, lorsqu'une partie des raisins est déjà foulée, pourrait faire aigrir la masse. Le plus sûr est de fouler dès que la cuvée commence à s'échauffer.

Ce qu'on vient de dire s'applique aux vignobles où

l'on est dans l'usage de faire exécuter le foulage des raisins par des hommes qui entrent nus dans la cuve, et écrasent les raisins en s'y agitant péniblement. Ce genre de foulage, qui est encore le plus usité, est cependant très imparfait. Quand les raisins n'ont pas déjà séjourné longtemps dans la cuve avant l'opération, un grand nombre de grains échappent au foulage, et la fermentation générale marche mal.

Il n'en est pas de même du foulage fait au moment même où l'on remplit les cuves. Il s'opère au moyen d'une grande caisse appelée *fouloire*, dont le fond à claire-voie repose sur la cuve, et où un homme écrase les raisins à mesure qu'on les y dépose. Cette méthode est bien préférable, et doit être adoptée toutes les fois que l'élévation du cellier ou pressoir permet d'établir la fouloire sur la cuve. Dans le cas contraire, on peut fouler exactement dans les comportes, et vider ensuite dans la cuve.

Ces deux modes de fouler, très préférables d'ailleurs au foulage fait dans la cuve, supposent, comme on l'a dit, que la cuve doit se remplir dans la même journée.

Quelle que soit la manière employée, l'essentiel est de bien écraser tous les raisins. Plus le moût sera liquide, et mieux il fermentera.

§ 5. D. Combien de temps convient-il de laisser fermenter la vendange foulée, avant de faire le vin?

R. Le temps nécessaire pour la fermentation varie selon la température soit du cellier, soit du temps où la vendange a été faite, et selon que le foulage a été plus ou moins complet, ou défectueux. Il dépend beaucoup de la manière dont la cuve est disposée, la fermentation s'opérant plus régulièrement dans une cuve couverte.

Dans tous les cas, on n'attendra pas, pour procéder

au décuvage, que la fermentation ait entièrement cessé ; pour les vins ordinaires, qui doivent avoir de la couleur pour être ce qu'on appelle marchands, on se règlera sur le degré de la couleur, sans attendre d'ailleurs que le vin soit complètement froid.

Quant aux vins fins, ils gagneront beaucoup à ne pas cuver longtemps. Le moment le plus convenable pour leur décuvage est celui où la fermentation a fait monter tout le marc à la partie supérieure de la cuve.

§ 6. D. Quels sont les moyens d'obtenir une forte coloration du vin ?

R. Le moyen d'obtenir beaucoup de couleur, c'est, pendant tout le temps que le vin reste dans la cuve, d'enfoncer le marc toutes les fois que, par l'effet de la fermentation, il sera élevé à la surface. Cette opération a l'inconvénient d'affaiblir considérablement le vin, qui s'évapore au contact de l'air.

On arriverait au même résultat pour la couleur, sans faire perdre au vin sa force, si l'on avait la précaution de maintenir le marc au milieu de la cuve, au moyen d'un double fond percé de trous, et en fermant exactement la cuve, après l'avoir remplie.

Voici comment il faudrait opérer. A la hauteur des deux tiers de la cuve, à partir du bas, on fixerait intérieurement un cercle, si la cuve est ronde, de forts liteaux, si elle est carrée. Des planches percées de beaucoup de trous seraient prêtes à l'avance pour être placées sur le marc, de manière à être solidement retenues entre le marc et le cercle ou les liteaux. On foulerait comme à l'ordinaire, mais en laissant la bonde ouverte. Tout le moût serait mis provisoirement dans des comportes, en attendant que la cuve fût pleine de marc jusqu'à la hauteur du cercle ou des liteaux. Alors on placerait solidement les planches entre le marc et les liteaux ; puis on verserait le moût dans la cuve. Lorsqu'elle serait à peu près pleine, on la fermerait aussi exactement que possible, au moyen d'un fond bien jointé et mastiqué avec soin. On l'enlèverait après avoir fait le vin, pour retirer le marc de la cuve. Ce fond serait percé d'un trou de 5 ou 6 centimètres de diamètre, auquel s'adapterait un tuyau de fer blanc recourbé, de 20 centimètres de longueur, dont l'autre extrémité plongerait au fond d'un vase plein d'eau, placé sur la cuve. La vapeur produite par la fermentation, et qu'on appelle *gaz acide carbonique*, trouverait ainsi une issue. La cuve ne risquerait pas d'éclater ; l'air extérieur n'y pénétrerait pas, et le vin prendrait beaucoup de couleur, sans rien perdre de sa force.

§ 7. D. Comment se font le décuvage et le pressurage ?

R. Il serait très avantageux de faire le décuvage, si la situation des lieux le permettait, au moyen d'un tuyau de cuir, ou d'autre matière souple, qui partirait de la canelle ou robinet de la cuve, et qui plongerait jusqu'au fond des tonneaux. Moins le vin est mis en contact avec l'air, et mieux il conserve sa force. Si l'on ne peut opérer de la sorte, on versera immédiatement le vin dans les tonneaux bien nettoyés, fermés, et dans lesquels on aura fait brûler une mèche soufrée.

Le décuvage fait, on procède au pressurage qu'on opère en soumettant le marc à l'action du pressoir. Le vin qui en résulte est plus coloré que celui de la cuve, mais plus dur et plus vert. On le met ordinairement à part.

§ 8. D. La fermentation continue-t-elle dans les tonneaux ?

R. La fermentation continue d'autant plus longtemps dans les tonneaux, que celle de la cuve a été moins longue. Ce qui a été dit au sujet de la déperdition de force pour les cuves ouvertes, s'applique aux tonneaux qu'on est obligé, par crainte de rupture, de laisser ouverts jusqu'à la fin de la fermentation. Au moyen d'une bonde percée d'un trou qui recevrait un tuyau de fer blanc recourbé, et plongeant son autre extrémité dans un vase plein d'eau, comme on l'a dit pour les cuves, on conserverait au vin toute sa force, sans crainte d'accidents. Ce système est employé avec succès dans plusieurs vignobles. On bonde comme à l'ordinaire, quand la fermentation a cessé.

Après un certain temps, le vin dépose sa lie au fond des tonneaux. C'est une méthode usitée dans toutes les contrées où l'on entend le bon traitement des vins, que de les transvaser au moins une fois par an, dans d'autres tonneaux bien nets, où l'on a fait brûler une mèche soufrée.

QUATRIÈME PARTIE.

—

SCIENCE DES PLANTES UTILES ET DE LEUR CULTURE.

—

CINQUIÈME SUBDIVISION.
Bois et Vergers.

—

CHAPITRE I. — MULTIPLICATION DES ARBRES. — ARBRES NE PORTANT PAS DE FRUITS COMESTIBLES.

§ 1. D. Quels sont les arbres les plus utiles en agriculture?

R. On peut ranger les arbres utiles en agriculture sous deux divisions générales, savoir : 1° les arbres qui ne portent pas de fruits comestibles; 2° ceux qui portent des fruits comestibles. Sans entrer ici dans le détail de la culture, de l'aménagement et de l'exploitation des forêts, et de la conduite des arbres fruitiers, soumis à la taille, dans les jardins, on parlera des divers genres de multiplication, et de la culture particulière des arbres les plus utiles en agriculture.

Ce sont, parmi ceux qui ne portent pas de fruits comestibles : le chêne, le hêtre, le frêne, l'orme, l'acacia, le charme, l'érable, le bouleau, le peuplier, le saule, le tremble, l'aune, le platane, le marronnier d'Inde, le tilleul, le sureau, l'aubépine, le pin, le sapin et le mélèze.

Parmi les arbres dont les fruits sont comestibles, on parlera du noyer, du châtaignier, du pommier, du poirier, du coignassier, du néflier, du cerisier, du prunier, du pêcher, de l'abricotier, de l'amandier, du noisetier et du mûrier.

§ 2. D. Quels sont les moyens de multiplication des arbres?

R. Les arbres se multiplient par les semis, par la greffe, par les boutures et par les marcottes.

La marcotte est une tige à laquelle on fait pousser des racines, ou une racine à laquelle on fait pousser une tige, avant de la séparer de la souche-mère, pour la planter à demeure.

Le marcottage se fait de plusieurs manières. Tantôt on coupe la tige principale de l'arbre et l'on recouvre le tronc de bonne terre bien meuble. Cette opération se fait avant le printemps, au croissant de la lune, et par un beau temps. Les bourgeons se forment en grand nombre, prennent racine, et peuvent être séparés dès l'année suivante. On traite particulièrement ainsi le coignassier et le mûrier. Tantôt on couche les branches de un ou deux ans dans la terre, au pied de la souche-mère, en mettant dans la fosse un peu de bon terreau. Il faut ordinairement deux ans pour obtenir un sujet bon à être planté.

La bouture est une tige ou des parties de tige, et quelquefois une racine séparée d'une plante, qui devient elle-même une plante semblable à celle qui l'a produite.

Pour obtenir de bonnes boutures, il faut les mettre en terre à la fin de l'hiver par un temps doux, dans un terrain léger et un peu humide. On procède en fichant en terre la tige dont on veut faire une bouture, et dont a aiguisé l'extrémité inférieure. Si la terre n'offre pas de résistance, cette opération suffit ; mais si la terre est un peu dure ou pierreuse, on fait auparavant un trou au plantoir, et on le remplit de terreau. C'est ainsi qu'on multiplie le peuplier, le saule et le platane, en employant des branches de trois à cinq centimètres de diamètre et de un à deux mètres de longueur.

§ 3. D. Comment se font les semis des diverses espèces d'arbres ?

R. Les semis d'arbres se font de deux manières, en pépinière, pour transplanter ensuite à demeure, ou bien sur place.

Pour les semis en pépinière, on choisit un terrain léger, profond et frais, et l'on sème en mars ou avril, ou bien en automne, sur ce terrain divisé par planches, et suffisamment ameubli. La plupart des fruits ou graines d'arbres demandent à être conservés, placés couche par couche avec de la terre bien meuble. De ce nombre sont les fruits ou graines du chêne, du châtaignier, de l'orme, du frêne, du hêtre, du bouleau, du charme et de l'érable. Les semis se font ordinairement à la volée, en répandant les graines aussi également que possible et à une distance proportionnée au développement que les plants devront prendre dans la pépinière.

Les graines d'orme et de bouleau veulent être à peine recouvertes; celles de frêne, de hêtre, sont enterrées à la pelle ou au râteau, à un ou deux centimètres de profondeur. Les châtaignes et les glands se sèment en lignes à trois ou quatre centimètres de profondeur. On tasse la terre avec le dos de la pelle. On arrose et on éclaircit le plant, selon le besoin, et on couvre de paille ou de feuilles au commencement de l'hiver.

Le semis en place se fait aux mêmes époques, sur un terrain ameubli seulement à la superficie, car il est avantageux que le fond soit ferme et tassé. On n'épargne pas la semence, car les jeunes arbres poussent plus directement lorsqu'ils sont un peu épais, et l'on peut d'ailleurs éclaircir. Les arbres destinés à servir de bois de construction ou de fente, pour merrain, ne doivent pas être élagués. On les laisse toujours assez épais, pour que les branches inférieures meurent, faute d'air et d'espace, lorsqu'elles sont encore très minces. La tige devient ainsi très droite et n'a pas de nœuds pénétrant dans le bois.

En parlant de chaque espèce d'arbres en particulier, on dira quels sont ceux qui réussissent mieux lorsqu'ils sont semés en place ou transplantés.

§ 4. D. Qu'est-ce que la greffe, et quelles sont les manières les plus usitées de la pratiquer ?

R. La greffe est l'action de placer une partie d'un arbre qu'on veut multiplier ou améliorer, sur un autre arbre, dans des conditions telles, que celui-ci le nourrisse de sa sève. Elle a pour but et pour effet d'améliorer les fruits en volume et en qualité, et de hâter leur production. Elle est donc très utile, puisque par elle tout arbre fruitier de mauvaise espèce peut être, en fort peu de temps, transformé en un arbre de bonne espèce, et qu'on peut créer, sans dépense, un produit souvent très important et toujours d'excellente qualité, à la place de produits insignifiants ou de mauvaise qualité.

Les greffes les plus usitées sont : la greffe à la fente, la greffe à l'écusson et la greffe en flûte ou au chalumeau. Toutes les autres manières de greffer se rapportent à l'une de ces trois greffes. On n'en compte pas moins de 268.

§ 5. D. Comment pratique-t-on la greffe à la fente ?

R. La greffe à la fente est principalement usitée pour le cerisier, le prunier, l'amandier, le pommier et le poirier, déjà parvenus à une certaine force. Voici comment elle se pratique :

On coupe le sujet horizontalement à l'aide de la scie, et l'on rafraîchit le trait avec la serpette. On le fend par le milieu à l'aide de la serpette et d'un petit maillet de bois. On place un coin de bois sec dans la fente pour la maintenir entr'ouverte pendant qu'on y place la greffe. Celle-ci, munie de deux ou trois œils, est taillée, par son extrémité inférieure, en lame de couteau. Si le sujet n'est pas plus gros que la greffe, on l'insère bien au milieu ; si, comme c'est l'ordinaire, le sujet est plus gros, on y insère deux greffes, l'une à chaque bord de la fente, de manière à faire bien exactement coïncider les coupures des deux écorces.

On bouche avec soin la fente, et l'on recouvre la jointure avec un enduit qu'on appelle *onguent de saint Fiacre*. Il est composé avec de la terre glaise et de la bouse de vache, par égales portions, pétries avec un peu d'eau.

Pour maintenir l'enduit, on le recouvre ordinairement avec un chiffon. Cette greffe se pratique, au printemps, à la sève montante, ou pendant le repos de la sève.

§ 6. D. Quelle est la manière de greffer à l'écusson ?

R. On greffe à l'écusson à œil poussant, depuis le commencement de la sève jusqu'au mois d'août, et à œil dormant, tant qu'il reste encore de la sève, en ayant soin, toutefois, de ne pas le faire trop tôt pour que la greffe ne pousse pas avant le printemps suivant. La moindre gelée la ferait périr. La greffe à l'écusson est surtout employée sur les sujets qui ont l'écorce mince, lisse et tendre.

Voici la manière de greffer à l'écusson :

On prépare l'écusson de manière à ce qu'il soit prêt à être détaché de la branche ; il vaut mieux ne le détacher qu'au moment de l'insérer sur le sujet.

On pratique sur le sujet, à un endroit où la peau est très unie, une incision pénétrant jusqu'au bois en forme de T. On écarte de chaque côté, au point où les deux lignes se joignent, l'écorce du sujet, avec la petite spatule du greffoir ou avec l'ongle. On sépare alors l'écusson, de manière à ne pas froisser l'écorce. On s'assurera qu'intérieurement le bourgeon soit garni de son œil. On le glisse entre l'écorce et le bois du sujet, et on le fait descendre jusqu'à ce que la partie supérieure de l'écusson s'ajuste exactement à l'incision. On rapproche alors les deux lèvres, et l'on fixe au moyen d'une ligature faite avec du fil de laine ou de gros coton.

On desserre la ligature lorsque la greffe a pris. On coupe alors la tige à 10 centimètres de l'écusson ; on assujétit les jeunes pousses à un tuteur, et l'on supprime les bourgeons qui pourraient pousser sur le sujet.

§ 7. D. Comment greffe-t-on au chalumeau?

R. La greffe au chalumeau est surtout employée pour le noyer, le châtaignier et le mûrier. Voici comment elle se pratique :

On commence par détacher l'écorce des branches qui doivent fournir les entes. Cette opération se fait en les serrant d'une main et en tordant très légèrement l'écorce de l'autre. Lorsque toute l'écorce est détachée, on la coupe par anneaux portant chacun un bourgeon. On rejette tous les anneaux qui ne sont pas bien réguliers ou dont l'écorce est un peu fendue, et on met les autres dans un pot de terre, au fond duquel est un linge mouillé assez grand pour recouvrir, en se repliant, une certaine quantité de ces anneaux.

On coupe alors la tête du sujet, qui est de la même grosseur que les anneaux, et dont l'écorce est très unie. On détache l'écorce en sept ou huit lanières qu'on rabat en-dehors ; dès qu'il y a quelques centimètres de bois mis à nu, on y place un anneau, qu'on choisit s'y adaptant un peu librement, puis on le fait descendre peu à peu jusqu'à ce qu'il ne puisse plus le faire sans danger de se déchirer. On râcle ensuite, un peu de haut en bas, le bois nu du sujet, immédiatement au-dessus de l'anneau, pour que la force de la sève ne le déplace pas, et la greffe est terminée.

§ 8. D. Quels sont les terrains qui conviennent au chêne, au hêtre, au frêne et à l'orme, et quels en sont les usages?

R. Le chêne est le meilleur de tous les bois de construction et de fente, tant à cause de sa dureté que de sa force et de sa durée ; c'est aussi un excellent bois de chauffage. Il en existe un grand nombre de variétés ; l'écorce de l'une d'elles donne le *liége*. Celle de toutes les autres fournit le *tan*, pour la préparation des cuirs. Les glands sont une ressource précieuse pour l'engraissement des porcs.

Le chêne aime un terrain léger, mais profond et frais. Il réussit mieux par le semis en place, que par la transplantation.

Le hêtre produit un excellent bois de chauffage, et est employé utilement pour les constructions qui doivent rester sous l'eau, et pour le charronnage et la boissellerie. Son fruit, qu'on appelle *faîne*, donne une huile assez bonne, et sert à engraisser les porcs et les dindons.

Le hêtre vient dans tous les terrains, excepté les fonds humides et marécageux. On le multiplie principalement par le semis en place.

Le frêne est un bon bois de construction. Il est très employé pour le charronnage et pour la confection des cercles de gros tonneaux. On en fait de très beaux meubles, lorsqu'il est vieux et noueux ; ses feuilles sont une excellente nourriture pour le bétail. Il se plaît dans les terrains légers, mêlés de sable et un peu humides, sur le penchant des coteaux, et aime les climats froids. On le sème en pépinière, pour le transplanter à demeure.

L'orme est un bois précieux pour le charronnage ; il aime un terrain frais et profond, quoiqu'il réussisse assez bien dans les endroits secs et pierreux. Il se multiplie de semis, par ses rejetons, par marcottes et par la greffe, mais les semis donnent les arbres les plus vigoureux.

§ 9. D. Quels sont les principaux usages de l'acacia, du charme, de l'érable, du bouleau et du marronnier d'Inde, et quels sont les terrains qui leur conviennent ?

R. L'acacia donne de très bon bois de construction et d'ébénisterie. Il forme de bons taillis pour les échalas et pour les cercles. On en fait de bonnes haies.

Ses feuilles sont une bonne nourriture pour le bétail. Il aime un terrain sec, et se multiplie surtout par les semis en place.

Le charme est un bois de chauffage. Il vient partout et se multiplie de semis. On en fait de bonnes haies.

L'érable est employé dans la tabletterie, dans la lutherie, et par les tourneurs. C'est un bon bois à brûler. Il convient pour former des haies très fourrées, pourvu qu'on le taille fréquemment. Ses feuilles sont recherchées par les bestiaux. On le sème en pépinière, pour le transplanter à demeure dans les terrains à la fois frais, graveleux et substantiels.

Le bouleau est un arbre précieux en ce qu'il vient sur les terrains les plus maigres. C'est un bon bois de chauffage : il se multiplie par les semis en place.

Le marronnier d'Inde est un arbre magnifique, mais de peu de valeur. Son bois est employé comme combustible et pour les caisses d'emballage. Ses fruits sont mangés sans répugnance par les moutons. Ils contiennent beaucoup de fécule. Le marronnier d'Inde se transplante dans un terrain un peu humide et profond.

§ 10. D. Quels sont les terrains qui conviennent au peuplier, à l'aune, au tremble, au platane, au saule, au tilleul, au sureau et à l'aubépine, et quels sont leurs usages?

R. Tous les peupliers, les trembles, les saules et les platanes, aiment les terrains gras et humides. On en fait des planches qu'on emploie pour tous les ouvrages d'intérieur. Ils se multiplient de boutures qu'on appelle *plançons*, ayant cinq à six centimètres de diamètre par le bas, et de deux à trois mètres de hauteur.

Le saule-osier se plante de la même manière, mais

on ne donne aux plançons qu'un décimètre de hauteur.

L'aune se plaît dans les terrains humides et même marécageux. Il se multiplie le plus souvent par les semis, puis on transplante. Ce bois est très bon pour des pilotis et des tuyaux de conduite d'eau sous terre. Exposé à l'air, il se pourrit très vite.

L'aubépine est très utile pour la formation des haies. Elle se multiplie par les semis, dans un terrain sablonneux et frais.

Le tilleul est un très bel arbre. Son bois sert aux mêmes usages que celui du peuplier. On fait de son écorce des cordes grossières, et ses fleurs sont employées en médecine. Il se multiplie par les semis et se transplante dans un terrain léger, substantiel et profond.

Le sureau fait d'assez bonnes haies; ses fleurs sont employées en médecine, et ses fruits font une sorte de vin très coloré, avec lequel, dans certains pays, on donne plus de couleur au vin de raisins; ils donnent une assez bonne eau-de-vie. Le sureau vient bien partout et se multiplie de boutures.

§ 11. D. Quel est le terrain qui convient au pin, sapin et autres arbres verts?

R. Les pins, sapins et autres arbres verts croissent dans les plus mauvais terrains. On devrait en couvrir toutes les montagnes arides où l'on ne voit qu'une maigre bruyère. Ils donnent un excellent bois de construction, fournissent des mâts aux vaisseaux; on en tire le goudron, la résine et d'autres produits employés dans les arts et en médecine.

Le semis en place est le meilleur mode de multiplication de ces arbres utiles. Quand le terrain qu'on veut boiser est nu, on laboure superficiellement et l'on sème au printemps de l'avoine et des graines de

pin. On laisse périr l'avoine sur pied, pour qu'elle
puisse protéger plus longtemps le jeune semis. Lorsque le terrain est couvert d'herbages et de bruyères,
il faudrait le défoncer par un des moyens indiqués
(III° partie, chap. I). Mais le semis réussit mieux lorsque la terre n'est ameublie que superficiellement.
On conseille encore, dans ce cas, d'ouvrir des rigoles
de dix centimètres de profondeur, et de douze ou
quinze de largeur, dans la direction du levant au couchant, et de semer la graine au fond de ces rigoles,
qui sont espacées de cinquante centimètres. Il faut
clore le semis pour le défendre contre les troupeaux.

§ 12. D. Quels autres arbres ou arbustes pourraient être cultivés
plus généralement?

R. On devrait cultiver le genêt comme excellent
engrais végétal, et l'ajonc comme pouvant former
d'excellentes haies. Ces deux plantes viennent bien
dans les plus mauvais terrains. L'ajonc peut encore
être utilisé pour la nourriture des bêtes à cornes.

Sur les sols pierreux, on pourrait aussi semer le
faux ébénier ou cytise, dont la feuille et les graines
sont une très bonne nourriture pour les moutons.

CHAPITRE II. — ARBRES A FRUITS COMESTIBLES.

§ 1. D. Quelle est l'utilité du noyer, et quels sont les terrains
qui lui conviennent?

R. Le noyer est un arbre extrêmement précieux.
Son fruit est très agréable vert et sec. L'huile que l'on
en retire est la meilleure après l'huile d'olives. Celle
qui se fait sans feu, avec des cerneaux bien blancs,
est excellente. L'huile commune sert pour la prépa-

ration des aliments, pour l'éclairage, pour la peinture et pour la composition des ciments. Les noix bien sèches et bien épluchées donnent ordinairement la moitié de leur poids en huile. Elles se confisent au sucre avant leur maturité, et servent à fabriquer une liqueur très saine et très agréable, appelée *brou de noix*. Les tourteaux qui résultent de la fabrication de l'huile sont très précieux pour l'engraissement des bêtes à cornes et des moutons.

Le bois du noyer est le premier de nos bois, pour l'ébénisterie. Il est employé pour l'ajustage des armes à feu, et les parties qui ne sont pas propres à l'une de ces deux destinations sont très recherchées pour la fabrication des sabots. Les débris, ainsi que l'émondage, donnent un très bon bois à brûler.

Le terrain qui convient le plus au noyer est la bonne terre à froment ; c'est là qu'il acquiert tout son développement et qu'il donne le plus de fruits. Il réussit mal dans les prairies.

Son ombre nuit aux récoltes ; aussi le plante-t-on de préférence sur le bord des champs et des chemins.

§ 2. D. Quelle est la culture du noyer ?

R. Le noyer se sème en pépinière dans un bon terrain, bien défoncé et bien fumé, soit à l'automne, soit au commencement du printemps. On sème les noix dans de petits sillons, à cinq centimètres de profondeur, et espacées à vingt centimètres, en ayant soin de les placer droites, sur la partie par où on les ouvre. Cette position favorise mieux la sortie du plant.

Comme le noyer forme un long pivot et peu de racines latérales, on est dans l'usage de relever le plant, dès qu'il est assez fort, pour supprimer ce pivot, auquel on ne laisse que vingt centimètres de longueur,

et on le replace en pépinière. Cette opération facilite
le développement de nombreuses racines latérales, et
par conséquent la reprise du jeune arbre, lorsqu'on le
plante à demeure. On donne d'ailleurs au semis les
façons nécessaires.

Lorsque les jeunes noyers ont de trois à quatre mètres de hauteur, il est temps de les planter. On met
au moins douze mètres de distance entre les noyers.
On creuse à l'avance des trous d'un mètre et demi au
carré, et profonds d'un mètre. On met au fond du
trou dix à quinze centimètres de très bonne terre, sur
laquelle on place le pied des arbres ; on met un peu
de bon terreau, bien meuble, autour des racines ; on
fume et on comble le trou.

§ 3. D. Est-il avantageux d'enter les noyers, et comment se fait
cette opération ?

R. Quoique la greffe du noyer ne soit pas en usage
partout, on ne peut que la conseiller. Par elle, en
effet, on multiplie les meilleures espèces de noix, et
les variétés qui, poussant un peu tard, sont moins
sujettes à souffrir des gelées. Il est vrai que les noyers
entés durent moins, et donnent un bois inférieur;
mais ces inconvénients ne peuvent contrebalancer les
avantages de la greffe.

La greffe du noyer réussit rarement en pépinière.
Lorsque les jeunes arbres poussent de vigoureux jets,
on les coupe tous, en lune croissante, au commencement de l'hiver, à l'exception d'un seul. Il survient
de nouvelles pousses qu'on ente au chalumeau, lorsqu'elles sont de la grosseur du doigt. Lorsque les entes
commencent à pousser, on supprime la branche qui
n'est pas entée, et au moyen de perches on attache
les nouveaux jets, pour les garantir du vent. — Il ne
faut pas abattre les fruits du noyer encore jeune.
Cette opération a l'inconvénient de détruire beaucoup

de bourgeons. Lorsque l'arbre est devenu fort, l'inconvénient est beaucoup moindre.

Il faut avoir le soin d'émonder fréquemment les noyers. Cette opération ne doit jamais se faire lorsque la sève est en mouvement. On la pratique ordinairement avant l'hiver, sur le déclin de la lune.

§ 4. D. Quels sont les terrains qui conviennent au châtaignier, et quelle en est l'utilité?

R. Le châtaignier est le plus utile de tous les arbres. Son bois est recherché pour les constructions, il est excellent soit pour la fabrication des tonneaux, soit pour tous les ouvrages de menuiserie ; on en fait d'excellents tuyaux de conduite, la meilleure latte et les meilleurs échalas. C'est, de tous les bois, celui qui redoute le moins l'humidité et qui se déjette le moins; il est presque incorruptible. Il brûle assez bien et donne de bon charbon. Ses jeunes tiges servent à cercler les barriques et à faire des paniers ; ses feuilles sont utilisées comme litière. Mais ce sont surtout ses fruits abondants et riches en principes nutritifs, qui le rendent précieux, tant pour l'alimentation des hommes que pour celle des animaux. La variété connue sous le nom de *marrons* est, à justre titre, la plus estimée.

A tous ces avantages, le châtaignier ajoute le mérite de croître dans les plus mauvais terrains. On le cultive pour ses fruits, et, comme excellent bois taillis, pour les cercles et les échalas.

§ 5. D. Quelle est la culture du châtaignier?

R. Le châtaignier se sème ordinairement en pépinière, comme le noyer. On ne relève pas le plant, et on le plante lorsqu'il est assez fort, comme il a été dit pour le noyer, mais à huit ou dix mètres de distance.

Le châtaignier cultivé pour servir de bois de construction, ne doit pas être enté. Il n'en est pas de même de celui dont on veut utiliser les fruits. Il se greffe au printemps, au chalumeau, sur les jeunes pousses de l'année précédente, venues après l'étêtage pratiqué en mars.

On émonde le châtaignier fréquemment, afin que les fruits soient plus gros.

Quant aux taillis de châtaignier, c'est une nature de propriété très précieuse et fort productive, dans les pays de vignoble surtout. Un bon taillis, exposé au nord ou au levant, peut se couper tous les trois ou quatre ans pour faire du feuillard propre à cercler les barriques, et tous les six ou sept ans, pour faire des échalas. Dans l'un comme dans l'autre cas, la coupe se fait au croissant de la lune de mars, sans laisser une seule tige debout. S'il y a quelques places vides dans le taillis, on peut les garnir en couchant en terre, comme il a été dit pour le marcottage de la vigne et des arbres en général, les tiges appartenant aux souches voisines de la clairière. Pour activer la croissance du taillis, on a grand soin, la deuxième année, de supprimer, au mois d'août et en vieille lune, toutes les branches latérales de chaque tige, et de ne laisser de celles-ci qu'un nombre proportionné à la force des souches.

§ 6. D. Quelle est la culture du pommier et du poirier ?

R. En donnant ici quelques détails sur la culture du pommier, du poirier et des autres arbres fruitiers, on n'entend parler que de ceux qu'on plante en plein vent, dans les vergers ou ailleurs, et qui ne sont pas soumis à la taille.

Le pommier est greffé sur le pommier *franc*, sur le pommier *doucin* et sur le pommier *paradis*. Il ne peut être question ici que du premier, parce que, seul, il convient pour la formation des vergers.

13

Le poirier est greffé sur poirier franc ou sur coignassier. On les plante à demeure pour en former des vergers, ou bien dans les champs et les prés, lorsqu'ils ont de douze à quinze centimètres de tour. Ce qui a été dit de la plantation du noyer s'applique à celle du pommier et du poirier ; seulement le trou ne doit pas être aussi profond, ni la distance aussi grande ; six à huit mètres suffisent.

On remarquera d'ailleurs que le pommier se contente d'un terrain plus maigre que le poirier, et qu'il s'accommode mieux de l'exposition du nord. On les garnit d'épines, pour les préserver des bestiaux. C'est une excellente méthode que de travailler, chaque année, le pied des arbres qui forment les vergers. En leur donnant cette façon, on a soin de les débarrasser des branches gourmandes.

Plus tard, on les émonde en supprimant les branches trop nombreuses, et celles qui ont une mauvaise direction. On enlève en même temps la mousse et le bois mort. La culture de ces arbres pourrait se répandre avec avantage dans beaucoup de contrées où l'on manque de fruits et de boissons spiritueuses.

§ 7. D. Quelle est la culture du coignassier, du néflier et du noisetier ?

R. Le coignassier aime la terre sablonneuse et fraîche. Il se multiplie de marcottes ou de boutures ; c'est même, de tous les arbres fruitiers, celui qui réussit le mieux par l'un ou l'autre de ces modes de multiplication.

Le néflier se plante en hiver, en terrain de consistance moyenne. On peut l'enter à la fente sur l'aubépine, mais il est préférable de l'enter sur lui-même ; si l'on veut obtenir de très grosses nèfles, on entera sur coignassier.

Le noisetier se plante dès le commencement de

l'hiver, en terre légère et substantielle. Il se multiplie très facilement au moyen des rejetons qui poussent en grand nombre de la souche.

§ 8. D. Comment cultive-t-on les cerisiers et les pruniers ?

R. Les cerisiers et les pruniers se plantent en hiver, dans un terrain plus léger que compacte, plus humide que sec, et en climat tempéré. Certaines espèces de cerisiers et de pruniers sont franches du pied, et n'ont pas besoin d'être entées. Les autres s'entent ordinairement à la fente, soit en pépinière, soit sur place. L'émondage, fait à propos à la fin de l'hiver, est très utile aux cerisiers et aux pruniers.

Le fruit de ces arbres se consomme frais dès qu'il vient d'être cueilli, ou après qu'on l'a fait sécher au soleil ou à la chaleur du four. Dans certaines contrées, on retire un grand profit de la culture du cerisier et du prunier. Tout le monde connaît la réputation des *prunes d'Agen*, *de Tours*, *de Brignoles* et du *kirsch d'Alsace* et du *Dauphiné*, qui s'obtient par la distillation des cerises fermentées. On appelle cette liqueur *kirsch*, du nom allemand de la cerise.

§ 9. D. Quelle est la culture du pêcher, de l'abricotier et de l'amandier ?

R. Le pêcher aime un sol de consistance moyenne, profond, perméable, un peu calcaire. L'exposition du levant est celle qui lui convient le mieux. Il se greffe sur franc, sur prunier et sur amandier, à l'écusson, à œil dormant.

L'abricotier fleurit de très bonne heure et redoute beaucoup les gelées tardives. Sa culture en plein vent ne réussit ordinairement que dans les pays chauds ; il aime les terrains frais, argilo-calcaires, ne retenant pas l'humidité. Il se greffe sur lui-même ou sur prunier, à l'écusson ou à la fente.

L'amandier se plaît dans les terrains qui conviennent au pêcher. Il fleurit encore plus tôt que l'abricotier, aussi il est très rare qu'il produise une récolte abondante, parce qu'il est très sujet aux gelées tardives du printemps. Ces trois espèces d'arbres ne se cultivent en plein vent que dans les pays un peu chauds, et à des expositions où les gelées du printemps sont rarement à craindre. On les plante dans des trous creusés longtemps à l'avance, de soixante-quinze centimètres de profondeur, au commencement de l'hiver. Les racines doivent être raccourcies, mais seulement de manière à ce que l'arbre puisse se tenir debout sur elles. On mêle du fumier bien décomposé, ou de bon terreau avec la meilleure terre du trou qu'on remplit de ce mélange jusqu'à ce que le collet des racines se trouve à dix centimètres au-dessous du niveau du sol. Une excellente pratique consiste à plonger les racines dans un mélange de bouse de vache et de bonne terre délayées. On remplit le trou en faisant entrer la terre dans les intervalles des racines; on la tasse modérément sur elles. Il est bon de ménager autour du trou un petit enfoncement en forme de bassin, pour faciliter les arrosements.

Tous ces détails se rapportent à la plantation de tous les arbres fruitiers.

Il est essentiel de débarrasser, au besoin, tous ces arbres du bois mort et des branches qui n'ont pas une bonne direction.

§ 10. D. Quels sont les avantages qu'offre la culture du mûrier?

R. La feuille du mûrier est la seule nourriture des vers à soie. Il y en a de beaucoup d'espèces, qui peuvent toutes servir, avec plus ou moins d'avantages, à cet objet important. C'est là la principale utilité du mûrier. L'écorce de ses jeunes pousses, traitée comme le chanvre et le lin, donne une filasse de bonne qualité. Les fruits du mûrier noir sont fort agréables. Ils donnent, ainsi que ceux du mûrier blanc, une très bonne eau-de-vie par la distillation. Son bois est de très bonne qualité pour la menuiserie ; il est fin, susceptible de recevoir un beau poli, et d'une belle couleur jaune ou brunâtre. On l'emploie aussi dans le charronnage, la tonnellerie, et pour faire des échalas.

§ 11. D. Quels sont les terrains qui conviennent au mûrier, et comment le cultive-t-on ?

R. Le mûrier vient partout, mais il prospère dans les terrains qui conviennent à la vigne, soit pour la qualité du sol, soit pour l'exposition. Il se multiplie par le semis, et aussi de boutures, pour quelques variétés, comme le *multicaule*. On sème au printemps sur un terrain sablonneux, profond, bien meuble et bien engraissé. On éclaircit et on bine le plant, qu'on appelle *pourrette*. Lorsqu'il est assez fort, on le repique à 20 centimètres en tout sens. A la troisième année, il est bon à être enté. On peut enter le mûrier à l'écusson ou au chalumeau, à œil poussant ou à œil dormant.

On coupe la tige du jeune mûrier greffé à 33 centimètres, si l'on veut avoir des mûriers nains, et à 1 mètre 75 centimètres, si l'on veut des mûriers ordinaires. Dans l'un comme dans l'autre cas, on supprime tous les bourgeons inférieurs, à l'exception de trois ou quatre qu'on conserve au haut du jet, pour former la tête de l'arbre.

Un an après, s'ils sont assez vigoureux, ils peuvent être plantés à demeure, comme les arbres fruitiers, à trois mètres en tout sens pour les mûriers nains, et à huit mètres pour les mûriers à haute tige.

§ 12. D. Quels sont les soins que demandent les mûriers plantés à demeure ?

R. Pendant les trois premières années de leur plantation, il faut tailler les mûriers au commencement de mars, afin qu'ils puissent prendre plus de force et bien former leur tête en gobelet. Ce serait une grande faute que de les dépouiller de leurs feuilles pendant ce temps. On aura donc soin de ne pas laisser trop de bois, et de disposer régulièrement les branches, afin que la tête soit vide en dedans et bien garnie tout autour. C'est la manière la plus convenable pour l'arbre, et la plus commode pour la cueillette des feuilles.

Après la troisième année, on peut commencer à utiliser la feuille des mûriers. On la cueille comme il sera dit au chapitre du ver à soie. Il faut avoir grand soin de ne laisser aucune feuille sur l'arbre qu'on dépouille, et de le tailler dès que la cueillette est finie. Cette taille consiste à débarrasser l'arbre de tout le bois mort, des branches qui ont une mauvaise direction, et de celles qui sont trop nombreuses. Cette opération doit se faire par un beau temps, au déclin de la lune.

Lorsque l'arbre commence à languir, ou bien s'il prend plus de développement qu'on ne veut lui en laisser prendre, on ravale toutes les branches à vingt centimètres du tronc, au croissant de la lune, au printemps. Il pousse abondamment de nouveaux jets qu'on dispose en gobelet comme auparavant.

Pour la taille comme pour la cueillette, il est bon de se servir d'échelles doubles, qui ne s'appuient pas contre l'arbre encore faible.

CINQUIÈME PARTIE.

—

SCIENCE DES ANIMAUX UTILES.

—

CHAPITRE I. — SOINS GÉNÉRAUX A DONNER AUX ANI-
MAUX DOMESTIQUES. — AMÉLIORATIONS DES RACES.

§ 1. D. Quels sont les animaux dont l'éducation est profitable à
l'agriculteur ?

R. Les animaux dont l'éducation est profitable à
l'agriculteur, soit pour le travail, soit comme objets
de consommation ou de commerce, soit comme pro-
ducteurs d'engrais, soit enfin comme base de quelque
avantageuse industrie, sont principalement : le bœuf,
le cheval, le mulet, l'âne, le mouton, la chèvre, le
porc, le chien, le lapin, les oiseaux de basse-cour, les
pigeons ; et parmi les insectes, les abeilles et les vers
à soie.

On ne peut pas entrer ici dans le détail des diverses
races de chacune des espèces d'animaux différents
qu'on vient d'indiquer ; on parlera seulement des
soins généraux qu'ils réclament, et de l'amélioration
des races en général ; on parlera ensuite des animaux
les plus utiles et des soins particuliers qu'ils demandent.

§ 2. D. Quels sont les soins généraux qu'exige l'éducation des
animaux utiles en agriculture ?

R. Les soins généraux qu'exige l'éducation des animaux utiles en agriculture, consistent à leur donner un logement commode et surtout salubre ; une nourriture saine, abondante, appropriée à leur âge, à leur constitution particulière, et régulièrement distribuée ; à les tenir constammeut dans une grande propreté ; à veiller à ce qu'ils ne prennent pas de mal, et à traiter à propos leurs maladies.

§ 3. - D. Quels sont les soins généraux d'alimentation à donner aux animaux domestiques ?

R. Les soins généraux d'alimentation à donner aux domestiques sont relatifs à la quantité, à la qualité de la nourriture et à la manière de la distribuer.

Quant à la quantité, elle doit être proportionnée au poids de l'animal, et en rapport avec le parti qu'on se propose d'en tirer. Il est rare qu'on nourrisse suffisamment les bêtes à cornes et les moutons. Ce n'est pas assez de leur donner juste de quoi vivre, car on n'obtient alors d'autre compensation de son fourrage, qu'une petite quantité d'assez mauvais fumier. Si l'on veut qu'une bête puisse bien travailler si c'est une bête de travail, bien croître et se développer si c'est une bête d'élève, donner beaucoup de lait si c'est une vache laitière, prendre de la chair et de la graisse si c'est une bête destinée à l'engraissement, il faut nécessairement lui donner, en supplément à la ration d'entretien, assez de nourriture pour que le travail, le croît, le laitage, la laine et la viande paient convenablement la valeur de tous les objets consommés.

Un petit nombre de bêtes bien nourries, rapporte plus qu'un grand nombre mal nourries ; parce que la simple ration d'entretien ne donne aucun profit. C'est ce qui fait dire avec raison : *Bien nourrir coûte; mais mal nourrir coûte bien davantage.*

La quantité de nourriture à donner aux animaux

dépend de sa qualité. En la supposant ordinaire, on a calculé que pour tous les animaux entretenus à l'étable, dans le but d'en tirer quelque profit, il fallait une quantité d'environ 1 kilogr. 750 grammes de foin, ou l'équivalent, par 50 kilog. du poids de l'animal ; excepté pour les animaux à l'engrais, à qui l'on fait consommer autant de nourriture qu'ils peuvent le faire sans dégoût.

§ 4. D. Que doit-on observer dans l'alimentation des animaux, relativement à la quantité de la nourriture et à la manière de la distribuer ?

R. Sous le rapport de la qualité de la nourriture et de la manière de la distribuer aux animaux, les observations suivantes se présentent : ou les bêtes sont nourries exclusivement au pâturage, ou bien elles sont nourries à l'étable ou à l'écurie ; ou bien encore, elles sont nourries à la fois à l'étable et au pâturage.

§ 5. D. Comment entretient-on les bestiaux soit exclusivement au pâturage, soit alternativement au pâturage et à l'étable ?

R. Dans la nourriture exclusive au pâturage, l'habitude diminue les inconvénients que présente la dépaissance des pacages mouillés par la pluie ou la rosée ; d'ailleurs, comme ce système d'alimentation est surtout employé pour les vaches laitières, on a remarqué que, loin de diminuer la quantité du lait des vaches accoutumées à passer toute la belle saison au pâturage, la rosée et les pluies en favorisaient la production, quoique la santé des bêtes doive nécessairement en souffrir.

Pour les animaux qu'on tient alternativement dedans et au pâturage, on aura grand soin de ne les envoyer au pacage ni par la pluie, ni par les grands froids, ni avant la complète évaporation de la rosée, ni pendant les chaleurs excessives du milieu des journées d'été.

§ 6. D. Quelles précautions doit-on prendre dans le système de nourrir les animaux toujours à l'étable ?

R. Pour les animaux qu'on nourrit à l'étable, on ne perdra pas de vue que le même volume de fourrage contient plus ou moins de parties nutritives, selon sa qualité. Ainsi un kilogramme de foin bien préparé, provenant d'une prairie sèche, sur un terrain fromental, nourrira mieux que deux kilogrammes de foin mal préparé ou venant d'une prairie marécageuse. L'alimentation, au moyen de fourrages verts, est celle qui convient le mieux pour l'été, avec les précautions indiquées au chapitre des prairies artificielles. L'hiver, il est très profitable à la bonne santé des animaux de leur donner une partie de leur provende en fourrages secs, et l'autre en racines, en calculant que la plupart des racines fourragères crues représentent ordinairement, pour leur valeur nutritive, le tiers de leur poids en bon fourrage sec. Ainsi, 15 kilogrammes de betteraves, de navets, de pommes de terre, équivalent à 5 kilogrammes de bon foin.

Dans tous les cas, on distribuera la nourriture, et on fera boire à des heures réglées, en évitant cependant de donner à manger et surtout à boire lorsque les bêtes reviennent du travail, et qu'elles sont en sueur. Si leur ration se compose de plusieurs sortes d'aliments, on commencera par leur donner ceux de moindre qualité, et autant que possible peu à peu, afin qu'il ne s'en perde aucune partie. Saler les fourrages, surtout lorsqu'ils sont de médiocre qualité, est une excellente pratique. Le sel facilite la digestion, excite l'appétit, et corrige les aliments malsains.

§ 7. D. Quels sont les soins à prendre pour les animaux, en cas de maladie ?

R. Les animaux sont sujets à un très grand nombre de maladies et à beaucoup d'accidents. L'agriculteur soigneux se hâtera de recourir à un vétérinaire expérimenté, dès que se présentera un cas de maladie ou un accident qui semblera grave.

Il commencera par prendre pour l'animal malade toutes les précautions de salubrité indiquées ; il le mettra à la diète et à l'eau blanche tiède, le couvrira et le tiendra à l'abri des courants d'air, et attendra l'arrivée du vétérinaire.

Si la nature de la maladie ou de l'accident est bien connue, s'il y a peu de gravité, et si l'on possède les connaissances nécessaires, on donne soi-même les soins que réclame l'état de l'animal, en agissant d'ailleurs avec la plus grande prudence.

§ 8. D. Quels sont les moyens généraux d'améliorer les races ?

R. Il y a trois moyens d'améliorer les races d'animaux, savoir :

1° L'importation des individus, mâles et femelles, de races étrangères plus parfaites, qu'on conserve dans leur pureté ;

2° Le croisement de la race du pays avec la race étrangère, ou le croisement de deux races étrangères;

3° Le perfectionnement de la race du pays par elle-même.

§ 9. D. Quelles sont les considérations qui doivent déterminer l'agriculteur dans l'amélioration des races d'animaux du pays où il est, par l'introduction des races étrangères?

R. Avant d'introduire une nouvelle race d'animaux sur sa propriété, l'agriculteur prudent et intelligent examinera si l'infériorité des races du pays vient réellement de l'espèce, ou bien de l'influence d'une mauvaise ou médiocre alimentation. Dans ce dernier cas, son entreprise échouera certainement, si les conditions d'alimentation restent les mêmes.

Faire venir à grands frais des animaux d'un pays

riche en fourrages très nutritifs, en pâturages excellents, pour les importer dans une contrée pauvre en ressources alimentaires de bonne qualité, c'est vouloir forcer la nature. Dans très peu de temps, les races introduites dans ces conditions auront dégénéré, au point quelquefois de ne pouvoir pas même soutenir la concurrence entre les races accoutumées depuis longtemps à la qualité de nourriture du pays.

Mais, lorsqu'on a des prés de bonne nature ; des prairies artificielles riches et abondantes ; des racines fourragères en quantité ; des étables spacieuses et salubres ; de bonnes eaux et les moyens de parfaitement soigner les animaux dont on veut introduire la race, on peut le faire avec confiance.

Un excellent moyen d'entretenir la race introduite dans ces conditions, sans dégénérescence, c'est d'importer de temps en temps des individus mâles et femelles de la même race, en les choisissant parmi ce qu'il y aura de mieux dans le pays d'où l'on a tiré les premiers. On appelle cette opération *rafraîchir le sang*.

§ 10. D. Quelles sont les considérations qui doivent déterminer l'agriculteur dans l'amélioration des races par le croisement ?

R. Ce qui a été dit au sujet de l'introduction d'une nouvelle race, s'applique également au cas où l'on voudrait croiser deux races étrangères ; les circonstances sont, en effet, les mêmes dans les deux cas, soit qu'on veuille importer une race étrangère, soit qu'on veuille en créer une nouvelle par le croisement de deux races étrangères.

Si l'on opère sur les races du pays par des croisements faits avec des races étrangères, il faudra toujours tenir compte des mêmes observations, en ce qui concerne les conditions dans lesquelles l'introduction des reproducteurs étrangers peut être avantageuse. C'est surtout *en rafraîchissant fréquemment le sang,* qu'on peut créer ainsi une race appropriée au climat, au terrain et aux ressources alimentaires du pays, et participant à la fois des qualités des deux races qui auront concouru au croisement.

§ 11. D. Quels sont les moyens les plus certains d'améliorer les races d'animaux par elles-mêmes?

R. De tous les moyens connus de perfectionner les races d'animaux, celui qui consiste à les perfectionner sans aucun secours étranger, est peut-être le plus sûr, bien que plus lent.

Pour opérer avec intelligence dans ce but, on commencera par améliorer l'alimentation. Il est bien reconnu, en effet, qu'une bonne nourriture administrée libéralement, et dans toutes les conditions indiquées plus haut, développe la taille, l'ampleur et les formes des animaux. En choisissant toujours ceux qui, de longue main, auront reçu ces soins réparateurs, on est certain d'obtenir de meilleurs produits, qui, soumis eux-mêmes à un régime substantiel, donneront, à leur tour, des animaux qui leur seront supérieurs. En marchant avec persévérance dans cette voie, sans garder jamais comme reproducteur un animal défectueux, on arrivera progressivement à l'amélioration durable des races du pays.

§ 12. D. Quel est l'avantage de cette méthode?

R. L'avantage de cette méthode sur les deux autres, c'est que l'agriculteur, choisissant lui-même ses animaux reproducteurs dans les races du pays les plus estimées, et parmi les individus dont on a déjà pu reconnaître les qualités particulières comme bonnes bêtes de travail, bonnes bêtes laitières, ou bêtes faciles à engraisser, pourra diriger son opération rationnellement, selon le but qu'il se propose, en accouplant les bêtes qui ont les mêmes qualités, et qui les tiennent de leur race.

En achetant au loin des bêtes de race étrangère, on voit bien si leur conformation est régulière ; on sait bien quelles sont les qualités générales de la race à laquelle elles appartiennent ; mais on peut être et l'on est souvent trompé sur les qualités particulières de la bête vendue, qui a souvent été préparée pour la vente, et dont les produits sont loin de répondre à l'attente de l'agriculteur.

§ 13. D. Quelle est la conclusion qu'on doit tirer de ce qui a été dit sur l'amélioration des races ?

R. La conclusion qu'on doit tirer de ce qui a été dit sur l'amélioration des races, c'est qu'en général il est plus rationnel, moins coûteux et plus certain d'améliorer les races du pays, que d'introduire les races étrangères ; que l'agriculture ne peut que gagner beaucoup au perfectionnement des races, parce que ce perfectionnement, pour être réel et durable, repose sur l'adoption des meilleures méthodes de culture, particulièrement sur la culture des prairies artificielles, des racines fourragères, sur l'amélioration des prés naturels et des pâturages. C'est surtout parce que le perfectionnement des races suppose nécessairement celui de l'agriculture, que le gouvernement et les sociétés agricoles font de grands sacrifices pour l'encourager, et que l'agriculteur intelligent doit s'y livrer avec suite et discernement.

CHAPITRE II. — DU BŒUF.

§ 1. D. Quel est l'animal le plus utile en agriculture ?

R. L'animal le plus utile en agriculture est le bœuf.

La vache, sa femelle, nous donne en abondance d'excellent lait, du beurre et du fromage. Le bœuf est le robuste et patient compagnon de nos travaux agricoles, et après avoir, pendant cinq ou six ans, fertilisé nos terres, en les retournant incessamment et les enrichissant de ses précieux engrais, il nous nourrit de sa chair. Sa peau fournit le cuir le plus épais et le plus employé ; il n'est pas jusqu'à son poil, appelé bourre, ses os, ses cornes, ses nerfs, ses intestins, qui ne soient utilisés.

§ 2. D. A quel âge la génisse doit-elle être saillie, et quels sont les soins qu'elle demande lorsqu'elle est pleine et lorsqu'elle met bas ?

R. Pour donner de beaux produits sans s'épuiser, la génisse doit avoir trois ans lorsqu'on la fait saillir pour la première fois. Le taureau-étalon ne doit pas être employé à la monte avant dix-huit mois, ni après trois ans. Avant dix-huit mois, il serait trop faible, et après trois ans il pourrait devenir dangereux. La vache porte neuf mois et quelques jours. Il est rare qu'elle ne soit pas pleine après une seule saillie. La vache pleine peut être soumise sans inconvénients à un travail modéré. On veillera à ce qu'elle ne fasse pas de mouvements désordonnés et ne reçoive pas de coups. Elle sera tenue à l'étable dans une position horizontale, au moyen de la litière qu'on exhaussera à la partie postérieure. On la nourrira au pâturage, ou à l'étable avec les fourrages verts, ou, bien avec les fourrages et les racines, afin de la tenir dans un bon état d'embonpoint, sans l'engraisser. Si elle est pleine pour la première fois, on lui manie souvent le pis pour la disposer à se laisser traire et téter. Le plus souvent, la vache n'a besoin d'aucun secours pour mettre bas. On donnera plus loin les indications sur ce qu'il convient de faire en pareil cas. S'il se présente quelque circonstance extraordinaire, le plus sûr est d'avoir recours à quelqu'un d'expérimenté dans cette partie. Il arrive ordinairement que le cordon ombilical se rompt au moment de la naissance du veau, ou bien la mère le coupe avec les dents; dans le cas contraire, on a soin de le couper à 8 centimères du nombril, ensuite on bouchonne et on couvre la vache, puis on lui fait boire de l'eau blanche tiède.

§ 3. D. Quels sont les autres soins que réclame la vache après qu'elle a mis bas, et comment soigne-t-on les veaux de lait et les veaux d'élève ?

R. Dès que la vache a mis bas, elle se met à lécher son petit. Bientôt le veau a pris assez de force pour se tenir debout; on lui fait prendre le bout du mamelon et il s'empresse de téter. S'il est trop faible pour le faire, on trait la mère et on lui fait boire le lait tout chaud. On le manie le moins possible. La meilleure nourriture de la vache qui vient de mettre bas, c'est du bon foin et du bon regain, avec des racines et de l'eau blanche pour boisson. Il faut avoir grand soin de ne jamais laisser une goutte de lait dans le pis, à chaque traite; cette précaution favorise beaucoup la production d'une plus grande quantité de lait. Il y a plusieurs manières de soigner les veaux de lait; la plus usitée consiste à séparer le veau de sa mère, et à le faire téter trois fois par jour, à heures fixes. Les veaux destinés à la boucherie et à servir d'étalons doivent téter jusqu'à ce qu'ils soient bien rassasiés; et lorsque le lait ne suffit plus, recevoir un supplément de nourriture consistant en breuvages faits avec de l'eau tiède et des farines de lin, de seigle, du son, des tourteaux, des soupes et quelquefois de la pâte.

Les veaux d'élève sont ordinairement privés d'une

partie du lait ; cependant moins on leur épargne cette nourriture, la plus naturelle et la plus substantielle de toutes, et plus leur développement est rapide. On met à leur portée des fourrages verts ou du regain bien tendre, pour qu'ils s'accoutument plus vite à manger. Il est bon de laisser la vache se tarir deux mois avant l'époque où elle doit mettre bas.

§ 4. D. Quel est le régime qui convient aux bœufs de travail ?

Les veaux et les velles tout-à-fait sevrés, et les bœufs de travail, sont nourris, soit au pâturage, soit à l'étable, avec les fourrages verts l'été, et les fourrages secs pendant l'hiver. C'est une excellente méthode de remplacer une partie de ces derniers, jusque dans la proportion de la moitié de la ration, par une quantité équivalente de racines fourragères, c'est-à-dire par une quantité triple, en poids, du fourrage sec supprimé. La paille, excepté celle d'avoine, de pois, de lentilles et de vesces, est une assez mauvaise nourriture pour le gros bétail, et peut être employée plus utilement soit à celle des chevaux ou mulets, soit comme litière. La paille bien saine est cependant préférable au mauvais foin. La ration d'entretien d'un bœuf de travail, de taille ordinaire, sera d'environ douze kilogrammes de foin, ou bien de six à huit kilogrammes seulement, avec une addition proportionnelle de racines fourragères crues, comme il vient d'être dit.

Lorsqu'on emploie le trèfle ou la luzerne en vert pour la nourriture des bestiaux, il faut éviter avec le plus grand soin de leur donner ces fourrages lorsquils sont mouillés, ou même de leur en laisser manger une trop grande quantité, lorsqu'ils ne sont pas mouillés. Dans l'un comme dans l'autre cas, on s'exposerait à les voir périr par l'enflure ou la *météorisation* (Voir chapitre IV, n° 5, ci-après.)

§ 5. D. A quelle marque reconnaît-on l'âge des bêtes à cornes ?

R. On reconnaît l'âge des bêtes à cornes par l'inspection des huit dents placées sur le devant de la mâchoire inférieure. On les appelle dents de lait jusqu'à ce qu'elles se sont successivement renouvelées. Les deux du milieu tombent à l'âge d'un an à dixhuit mois ; les deux suivantes huit ou dix mois après ; les troisièmes à trois ans, et les dernières entre trois et quatre ans et demi. La nourriture au sec, un travail prématuré ou excessif, peuvent faire devancer de quelques mois le renouvellement des dents de lait.

La corne indique aussi l'âge d'une manière assez approximative. Toute la partie unie de la pointe compte pour deux ans et demi ; chaque bourrelet qui se remarque ensuite jusqu'au crâne, compte pour un an.

§ 6. D. Quel est le régime qui convient aux bœufs qu'on engraisse à l'étable ?

R. Pour l'engraissement des bêtes à cornes à l'étable, on soumet les animaux à un régime progressif, c'est-à-dire qu'on augmente peu à peu la quantité de la nourriture qu'on leur donne, en même temps qu'on améliore la qualité des aliments. Une bonne méthode d'engraissement, lorsque les animaux sont d'ailleurs bien disposés à prendre la graisse, consiste à les nourrir d'abord avec de bon foin et des racines crues ; puis avec de bon foin, du regain ou des fourrages artificiels bien préparés et des racines cuites ; on termine par les tourteaux. On donne peu et souvent, pour ne pas les dégoûter. L'usage du sel et de l'eau blanche, le pansage, une grande propreté, le silence, la tranquillité et l'obscurité activent beaucoup l'engraissement. C'est ordinairement pendant l'hiver qu'a lieu l'engraissement des bêtes à cornes, à l'étable. Quelques engraisseurs emploient avec succès les résidus de brasseries, et ceux des fabriques de sucre de betteraves, aigris par la fermentation.

§ 7. D. Quelles sont les meilleures races de gros bétail?

R. D'après tout ce qui a été dit précédemment, on ne peut dire d'une manière absolue quelle est la meilleure race de gros bétail. La réponse à cette question variera selon le but que se propose l'agriculteur, la quantité et la qualité des ressources alimentaires dont il dispose. Mais partout où l'on voudra donner à la race bovine la triple destination que la nature lui a assignée, c'est-à-dire qu'on voudra lui demander à la fois du lait, du travail et de la viande, la meilleure race sera celle qui, avec telle ou telle nourriture donnée, remplira le mieux ces trois conditions réunies, sans qu'elles se nuisent l'une à l'autre.

§ 8. D. Quelle est la conformation qu'on doit rechercher dans le gros bétail?

R. La conformation qu'on doit rechercher dans le gros bétail varie selon l'objet qu'on se propose. Veut-on obtenir une race uniquement travailleuse, sans se préoccuper des autres qualités? l'animal devra avoir la tête courte, les cornes grosses, l'encolure et la charpente fortes, le ventre peu gros, les jarrets larges, les pieds solides, la peau épaisse. Veut-on obtenir beaucoup de viande? on s'attachera à l'ampleur de la poitrine, au dos droit, aux reins larges, à l'arrière-main long, à la queue basse, aux extrémités grêles, aux cornes minces, à la tête petite, à la peau souple et douce.

La bonne vache laitière se reconnaît à l'ampleur du train de derrière et du ventre, aux gros vaisseaux qui se trouvent de chaque côté du ventre, à la grandeur et à la mollesse du pis, à la peau lisse, aux cornes et aux os minces, à la douceur de la physionomie, et surtout aux marques indiquées par la découverte *Guenon.*

§ 9. D. En quoi consiste la découverte Guenon?

R. M. Guenon, de Libourne, était arrivé, à force d'observations, à reconnaître, d'après certaines marques, si telle ou telle vache devait être bonne ou mauvaise laitière. Cette découverte est de la plus grande importance, non-seulement pour diriger dans l'achat des vaches pleines ou laitières, mais surtout pour garder comme devant être une excellente vache laitière, ou bien vendre comme veau de lait, la velle qui porte ou ne porte pas ces marques indicatives. La vache bonne laitière, ou la génisse qui doit le devenir, a, d'après ce système, dont une pratique de plus de vingt ans a démontré la valeur, une partie du poil, entre le pis et la vulve, qui, au lieu d'être couché dans le sens ordinaire, de haut en bas, a une direction opposée, et remonte de bas en haut. Ce poil remontant marque une espèce d'écusson, dont la forme indique, selon M. Guenon, les qualités laitières de la vache. Sans entrer ici dans le détail des huit classes que, d'après la différence de ces écussons, M. Guenon a désignées par des noms particuliers, nous dirons que plus l'écusson est large et long, sans aucun épi de poil descendant, plus la vache qui le porte doit avoir de lait; meilleure aussi doit en être la qualité.

§ 10. D. Quels sont les vices rédhibitoires dans les ventes ou les échanges des animaux appartenant à l'espèce bovine?

R. Il peut être très important pour l'agriculteur de connaître quels sont les cas où, d'après la loi, il peut rendre un animal acheté en foire, et qui aurait certains défauts cachés, constituant des *vices rédhibitoi-*

res. Voici quels sont ceux que la loi a fixés pour l'espèce bovine :

La phthisie pulmonaire ou *pommelière, l'épilepsie ou mal caduc, les suites de la non-délivrance, le renversement du vagin ou de l'utérus,* après le part, chez le vendeur.

Le délai pour intenter l'action rédhibitoire est de trente jours pour l'épilepsie ou mal caduc, et de neuf jours pour tous les autres cas. Le jour fixé pour la livraison ne compte pas dans le délai.

CHAPITRE III. — CHEVAL, ANE, MULET, MOUTON, PORC.

§ 1. D. Quelle est l'utilité du cheval en agriculture, et quels sont les soins que réclame cet animal ?

R. Le cheval est le plus précieux de tous les animaux, comme bête de trait ou de charge. Dans les pays plats, et partout où il est possible d'exécuter rapidement les travaux d'agriculture, l'emploi du cheval, comme bête de labour ou de charroi, est plus avantageux que celui des bêtes à cornes. On a calculé que l'heure de travail d'un cheval employé aux travaux d'agriculture valait en moyenne 20 centimes, celle d'un ouvrier 17, celle d'un bœuf 17, et que deux bons bœufs ne font qu'à peu près les trois quarts du travail de deux bons chevaux.

La jument doit être saillie au mois de mai; elle porte onze mois et quelques jours. On ne doit lui demander qu'un travail modéré, pendant les derniers mois de la gestation, et éviter toutes les causes et les occasions d'avortement. Les soins à lui donner au moment où elle met bas, sont les mêmes que pour la vache. Trois semaines après qu'elle a mis bas, la jument peut être remise à un léger travail. On ne sépare pas le poulain de la mère à l'écurie ; on le sèvre au bout de six mois.

On donne au poulain un peu de bon foin, dès qu'il peut commencer à manger ; deux ou trois kilogrammes de foin et deux kilogrammes d'avoine sont la ration qu'il est bon de lui donner au début ; on l'augmente progressivement jusqu'à la ration du cheval de labour, qui est de huit à dix kilogrammes de foin, paille à discrétion, et sept ou huit litres de racines. La ration d'avoine varie, suivant le travail et les usages locaux, entre six et quinze litres. Cette nourriture est consommée en trois reprises ; le matin, à midi et le soir. On fait boire de bonne eau, bien claire, avant de donner l'avoine.

§ 2. D. Quelles sont les précautions à prendre pour obtenir du cheval un bon service ?

R. Le cheval doit être régulièrement pansé soir et matin ; on évitera avec soin de lui donner à manger, et surtout à boire, immédiatement après son retour du travail, lorsqu'il est agité, et quelquefois tout en sueur. Dans ce cas, on le bouchonnera fortement et on le couvrira, en fermant avec soin toutes les ouvertures de l'écurie, afin qu'il ne prenne pas de coups d'air. Ses harnais seront ajustés de manière à ne gêner en rien ses mouvements, et à ne le blesser nulle part. Le cheval ne sera d'ailleurs jamais soumis à un travail au-dessus de ses forces, ni à aucun mauvais traitement. La loi a sagement établi des peines contre ceux qui maltraitent les animaux.

Une amende de 5 à 15 francs, et un emprisonnement de un à cinq jours, peuvent être prononcés contre ceux qui auront exercé publiquement et abusivement des mauvais traitements sur les animaux domestiques.

§ 3. D. Quelle est l'utilité de l'âne et du mulet en agriculture ?

R. L'âne est le cheval du pauvre. S'il n'est pas aussi fort, aussi ardent que le cheval, il est plus frugal, se contentant de quelque nourriture que ce soit, et ne demandant aucun soin particulier.

Le mulet est le produit de l'accouplement de l'âne avec la jument. C'est un animal très précieux, il est sobre, robuste et moins sujet aux maladies que le cheval ; il ne craint ni la fatigue ni les intempéries, et vit beaucoup plus longtemps. Aussi toutes ces circonstances ont donné une grande valeur au mulet, et c'est peut-être l'animal qui donne le plus de profit à l'éleveur.

On donne la jument au baudet aux mois d'avril et mai. La mère et son produit sont d'ailleurs parfaitement soignés, les meilleurs pâturages leur sont réservés, et on donne encore une bonne ration d'avoine aux jeunes mulets, afin de hâter leur développement. La mule de dix mois à un an vaut ordinairement trois cents francs, et il n'est pas rare d'en voir, à la même époque, d'une valeur au moins double. Il est prudent de ne faire travailler les mulets qu'après l'âge de trois ans, et de ne les jamais soumettre à un travail excessif, sous peine de les rebuter, de les user vite et de les rendre vicieux.

§ 4. D. Quels sont les vices rédhibitoires que la loi a fixés pour le cheval, l'âne et le mulet ?

R. Les vices rédhibitoires que la loi a fixés pour le cheval, l'âne et le mulet, sont :

La fluxion périodique des yeux, *l'épilepsie* ou *mal caduc* (garantie trente jours).

La morve, le farcin, les maladies anciennes de poitrine ou vieilles courbatures, l'immobilité, la pousse, le cornage chronique, le tic sans usure des dents, la boiterie intermittente, pour cause de vieux mal (garantie neuf jours).

§ 5. D. Quelle est la manière d'élever les moutons?

R. Le mouton est un animal très utile, pourvu qu'il soit bien soigné et bien gardé. Il lui faut peu de nourriture, et il la trouve pour ainsi dire partout. Au moyen des troupeaux, on peut tirer un bon parti des pacages les plus en pente, les plus secs. Ils donnent encore les moyens d'engraisser sans dépense des terrains éloignés ou enclavés, où le transport du fumier serait très coûteux. Le mouton nous habille de sa laine, nous nourrit de sa chair, et donne d'importants bénéfices. Mais il faut pour cela des soins intelligents et une surveillance active.

La brebis ne doit pas être saillie avant l'âge de dix-huit mois. Elle porte cinq mois. Les brebis pleines veulent être conduites avec beaucoup de douceur; le berger veillera à ce que les chiens ne les poursuivent pas avec trop d'ardeur; qu'elles ne soient pas obligées de courir, de sauter. Il évitera, autant que possible, qu'elles se froissent violemment les unes contre les autres, en entrant dans la bergerie, ou bien en sortant. Elles doivent être nourries largement, mais sans prodigalité. Un bon berger doit connaître les moyens de secourir la brebis quand elle agnèle, si toutefois elle a besoin de son aide, et il prend, pour faire téter l'agneau une première fois, les soins dont on a parlé au sujet du veau. Les brebis qui ont agnelé doivent rester à la bergerie avec leurs agneaux, pendant une quinzaine de jours, ensuite on peut les faire sortir, lorsque la rosée est levée, et que le temps est beau, sans être trop chaud. A cinq mois, on sépare l'agneau de la mère, pour le sevrer. A cet effet, il est bon d'avoir une seconde bergerie, éloignée de celle où sont les mères. Il faut bien nourrir les agneaux si l'on veut qu'ils se développent vite. L'âge du mouton se reconnaît à la dent, comme celui du bœuf.

§ 6. D. Comment la bergerie doit-elle être tenue, et quels sont les soins dus aux troupeaux, soit au pacage, soit au parcage?

R. La bergerie doit être assez vaste pour le nombre d'animaux qu'elle doit contenir ; bien aérée, et munie de rateliers et d'auges, pour recevoir la nourriture destinée aux moutons. Une très bonne disposition de la bergerie consiste à ne pas laisser séjourner les moutons sur leur fumier. A cet effet, on établit sur une travaison de deux mètres de hauteur un plancher formé de liteaux de chêne ou de châtaignier, de quatre centimètres d'épaisseur, entre lesquels on laisse deux centimètres et demi de distance. Ces liteaux ne sont pas posés à angle droit, mais diagonalement, pour éviter que les pieds des agneaux s'engagent dans les ouvertures. On garnit la bergerie ainsi disposée de ses rateliers et de ses auges. L'urine et le crottin passent à travers les liteaux, tombent dans l'espace au-dessous, qu'on garnit de litière ou de terre, et qui est muni d'une porte assez grande pour permettre de le nettoyer facilement.

Il est toujours avantageux de faire pâturer les moutons pendant toute l'année, du moins pendant quelques heures de la journée. Il est bon de ne leur laisser parcourir qu'une petite étendue de terrain chaque fois; d'éviter la rosée, le brouillard, la pluie et le soleil trop ardent; dans ce dernier cas, on les conduit à l'ombre pour les faire reposer.

Le parcage peut avoir lieu du mois d'avril jusqu'aux premiers froids. L'étendue du parc doit être proportionnée au nombre de têtes composant le troupeau, et à la fumure qu'on veut donner au terrain. On donne, en moyenne, un mètre carré d'espace par tête. Le berger doit coucher avec son troupeau pour le surveiller constamment. Il est prudent de faire rentrer le troupeau dans la bergerie lorsqu'il pleut. Le parc est formé de claies dressées les unes au bout des autres, au moyen de bâtons courbés ; les claies faites avec des branches entrelacées sont les meilleures, parce qu'elles donnent un peu d'ombre dans les grandes chaleurs.

§ 7. D. Comment engraisse-t-on les moutons?

R. On engraisse les moutons soit à l'herbe, en leur faisant pâturer de bons pacages, soit à l'étable avec les fourrages secs, les racines, les tourteaux, soit en employant à la fois ces deux méthodes.

Quand les pâturages sont de très bonne qualité, l'engraissement à l'herbe se fait dans trois mois. Ce qui a été dit au sujet du danger de faire consommer le trèfle et la luzerne verts par les bestiaux, s'applique aux moutons qui pacagent sur les prairies artificielles composées de ces deux sortes de fourrage.

L'engraissement à la bergerie se fait l'hiver. On fait sortir les moutons une fois par jour pour leur faire prendre un peu d'exercice. On les nourrit de bons fourrages, de racines, de tourteaux, de grains même, quand ils ne sont pas trop chers. On procède, pour l'administration de la nourriture, comme on l'a dit, chapitre II, n° 4, pour l'engraissement des bœufs, sans oublier le sel.

Dans le système d'engraissement des moutons au pâturage et à la bergerie, on les fait pacager jusqu'au commencement de l'hiver, pour les bien disposer ; on les conduit ensuite dans des champs de navets pendant la journée, et le soir on les fait rentrer à la bergerie, où ils trouvent de bon foin ou du regain, et une ration d'avoine, de son, de fèves, ou autres graines, ou bien de tourteaux concassés.

Un mouton de taille moyenne mange environ quatre kilogrammes d'herbe fraîche, ou un kilogramme et demi de fourrage sec, pour sa ration journalière d'entretien.

La ration d'engrais se composera pour le même mouton, à la bergerie, d'un kilogramme et demi de bon fourrage sec, deux kilogrammes de racines, et d'un demi-kilogramme de tourteaux ou de grains. Certaines races exigent une nourriture encore plus abondante.

§ 8. D. Quels sont les vices rédhibitoires reconnus tels pour les moutons?

R. Les vices rédhibitoires que la loi a fixés dans les ventes ou échanges d'animaux appartenant à l'espèce ovine, sont :

La clavelée : cette maladie, reconnue chez un seul animal, entraînera la rédhibition de tout le troupeau; la rédhibition n'aura lieu que si le troupeau porte la marque du vendeur (garantie neuf jours).

Le sang de rate : cette maladie n'entraînera la rédhibition du troupeau qu'autant que, dans le délai de la garantie, sa perte constatée s'élèvera au quinzième au moins des animaux achetés; dans ce dernier cas, la rédhibition n'aura lieu également que si le troupeau porte la marque du vendeur (garantie neuf jours).

§ 9. D. Comment élève-t-on le porc?

R. Il est superflu de parler de l'utilité du porc. Il est de tous les animaux domestiques le plus facile à élever et le plus fécond. On doit choisir avec le plus grand soin les animaux reproducteurs, et s'attacher aux meilleures races. La truie est déjà capable d'engendrer avant l'âge d'un an ; il vaut cependant mieux attendre cet âge pour la faire saillir. Elle porte près de quatre mois, de sorte qu'elle peut facilement faire deux ventrées par an, et parfaitement nourrir ses porcelets. Il faut prendre garde qu'elle ne dévore ses petits lorsqu'elle met bas ; dès qu'elle leur a laissé prendre la mamelle, elle ne les maltraite plus. On soigne particulièrement la truie qui vient de mettre bas ; des racines bouillies, mêlées avec du son et du lait, sont l'aliment qui lui convient le mieux. On ne doit pas laisser plus de huit à dix porcelets à chaque truie. L'excédant doit être vendu ou consommé comme cochons de lait, au bout de quelques jours. Après quinze jours on peut commencer à donner aux porcelets un peu de lait tiède avec de la farine ; on augmente peu à peu cette nourriture, et au bout de deux mois on les sèvre et on les sépare complètement de leur mère.

§ 10. D. Quels sont les soins que réclament les porcelets après leur sevrage ?

R. Les porcelets doivent être bien logés et bien nourris, si l'on veut qu'ils se développent rapidement ; il faut renouveler fréquemment leur litière, et tenir les auges où ils mangent très propres. Le petit lait est pour eux une excellente nourriture ; on y mêle du son et des racines bouillies ; à défaut de petit lait, on emploie les eaux grasses. Lorsqu'ils ont atteint six mois, on peut les nourrir avec avantage en les faisant garder dans les bois, en les faisant parquer sur des prairies artificielles, ou en leur faisant consommer, soit sur place, soit dans leur cour, des racines crues. Il faut leur fournir de l'eau en abondance, afin qu'ils puissent boire et se baigner à leur aise. Les débris de légumes, les laitues, la chicorée, les fourrages verts, donnés à la cour, entretiennent très bien

les jeunes porcs, et cette nourriture est très économique. Une bonne méthode de leur faire consommer
toute espèce de fourrage verts, consiste à faire fermenter ces fourrages dans un cuvier avec un peu d'eau ;
si l'on y ajoute ensuite un peu de sel, ils mangeront
le mélange avec plus d'avidité. Les marcs de cidre et
de vendange peuvent être consommés de la même
manière. Il est essentiel de boucler les jeunes porcs
pour les empêcher de fouiller dans les prairies artificielles ou dans leurs cours ; la manière la plus usitée
de les boucler consiste à leur passer à l'extrémité du
groin un fil de fer qu'on recourbe en anneau afin qu'il
ne les gêne que lorsqu'ils voudraient fouiller, selon
leur instinct.

§ 11. D. Comment engraisse-t-on les porcs ?

R. Le porc veut être tenu très proprement, et ce
n'est que par nécessité qu'il dépose ses excréments
dans sa loge. On disposera donc la porcherie de manière à pouvoir y entretenir une grande propreté. La
cour aura une pente pour faciliter l'écoulement des
matières liquides.

Toutes les substances animales et végétales vertes
conviennent au porc, les racines crues ou cuites, les
graines de toute espèce, les résidus des distilleries,
des brasseries, les fourrages verts, tout leur est bon.
Les racines forment ordinairement la base de l'engraissement des porcs ; on les leur donne d'abord crues,
puis cuites ; on commence par les raves, les navets et
les topinambours ; les betteraves et les pommes de
terre viennent ensuite. Lorsque le porc commence à
se dégoûter de racines crues, on les fait cuire, en y
ajoutant les eaux grasses, le petit lait, du son, de la
farine de seigle, de sarrasin ou d'orge. Le gland, la
châtaigne, le maïs en grains, l'avoine, conviennent
parfaitement pour donner de la fermeté à la graisse.

Les repas sont d'ailleurs distribués avec beaucoup de régularité. C'est un très bon système de faire fermenter et aigrir la nourriture destinée aux porcs à l'engrais ; leur appétit se trouve excité et maintenu par cette alimentation.

CHAPITRE IV. — MALADIES DES ANIMAUX DOMESTIQUES POUVANT ÊTRE TRAITÉES SANS LE SECOURS DU VÉTÉRINAIRE.

§ 1. D. Dans quels cas l'agriculteur peut-il soigner ses bêtes malades sans le secours du vétérinaire ?

R. Toutes les fois qu'un accident arrive à un animal domestique ou qu'il devient malade, toutes les fois que sa maladie est bien connue, il est très utile de pouvoir soi-même le soigner sans le secours du vétérinaire. Mais il faut à cet égard beaucoup de prudence, et s'en tenir aux seuls cas où il ne peut y avoir aucun doute. Pour les autres cas, il faut appeler tout de suite le vétérinaire.

Les maladies ou suites d'accidents que l'agriculteur peut utilement soigner lui-même, sans le secours de l'artiste, sont principalement : *l'indigestion ordinaire, venteuse* ou *météorisation, certains cas de parturition où l'on peut aider la nature, l'inflammation des mamelles, la gale, les dartres, la taie, les abcès, les brûlures, les contusions, les plaies, la fève* ou *lampas, les eaux aux jambes, les crevasses, la limace, l'engravée, la clavelée, le muguet des agneaux, le sang de rate, la pourriture du mouton, le piétin et l'angine des porcs.* Les remèdes indiqués pour chacune d'elles se trouvent dans toutes les pharmacies.

Pour le traitement de quelques maladies qu'on vient

d'énumérer, il est nécessaire de savoir faire quelques opérations chirurgicales fort simples, telles que : *la saignée, l'incision, la cautérisation, la ponction et l'application du séton.*

§ 2. D. Comment se pratique la saignée sur les animaux domestiques ?

R. On saigne principalement les animaux domestiques à l'aide d'un instrument que tout le monde connaît, appelé *flamme*. La saignée se pratique ordinairement à la veine du cou, dite *veine jugulaire*, au côté gauche. Pour cela, on comprime la veine au bas de l'encolure en serrant celle-ci avec une petite corde, on place la pointe de l'instrument sur la veine gonflée, dans le sens de la longueur, et on l'enfonce par un coup sec donné sur le dos de la lame. Lorsqu'il est sorti assez de sang, on délie la petite corde, et l'on réunit les deux côtés de la plaie au moyen d'une épingle qu'on enfonce la tête en bas, à travers la peau, en pressant contre la veine ; on la maintient à l'aide d'un peu de fil ou de quelques crins. Cette opération doit être faite sur l'animal à jeun.

Après la saignée, l'animal doit être attaché pendant quelque temps au râtelier, de manière à ne pouvoir baisser la tête ni se frotter.

On peut tirer, selon le besoin, de 2 à 3 kilogr. de sang au cheval, et jusqu'à 4 au bœuf.

Le mouton se saigne aussi de la même manière, mais avec la lancette, et on ne lui tire que tout au plus le quart de la quantité qu'on peut tirer au bœuf.

On saigne le porc par incision aux oreilles, ou en lui coupant le bout de la queue.

§ 3. D. En quoi consistent l'incision, la cautérisation, la ponction et l'application du séton ?

R. L'*incision* se pratique en coupant la peau à l'aide d'un instrument bien tranchant.

La *cautérisation* consiste à brûler certaines parties du corps de l'animal à l'aide d'une tige de fer rougie, ou de quelque médicament très violent, appelé *caustique.*

La *ponction* est l'opération par laquelle on introduit un instrument piquant à travers la peau, jusque dans une cavité naturelle ou dans un abcès. On la pratique tantôt avec un bistouri, tantôt avec un trois-quarts, tantôt avec une pointe de fer chauffée à blanc, selon les cas.

L'*application du séton* consiste à introduire sous la peau, à l'aide d'une aiguille destinée à cet usage, un ruban de fil ou une mèche de chanvre, pour y déterminer de la suppuration. On applique ordinairement le séton au bas du poitrail, et on enduit le plus souvent la mèche avec de l'*onquent vésicatoire* pour qu'il produise plus d'effet.

§ 4. D. Comment se traite l'indigestion ordinaire?

R. Les chevaux sont les animaux les plus sujets aux indigestions ordinaires. L'animal malade cesse de manger, bâille, creuse la terre du pied, regarde son flanc, se couche, se roule. Le pouls est concentré, la tête est basse, les yeux sont larmoyants. Le froid aux extrémités, les sueurs froides, sont de très mauvais symptômes.

Cette indisposition se traite par la diète, les boissons ou breuvages aromatiques et toniques tièdes, par exemple : 2 litres d'infusion de camomille, à laquelle on ajoute 32 grammes d'eau-de-vie ordinaire. On donne des lavements d'eau de mauve, on frictionne fortement tout le corps et on tient l'animal chaudement couvert. Si les accidents persistent sans évacuations, on administre un purgatif composé de 375 grammes de *sulfate de soude* qu'on fait dissoudre dans deux

litres d'eau tiède. On continue les lavements. De légères promenades sont très utiles.

§ 5. D. Qu'est-ce que la météorisation, et quel en est le traitement ?

R. La *météorisation* est produite ordinairement par
les vents qui gonflent la panse des animaux rumi-
nants, après qu'ils ont trop mangé de trèfle ou de
luzerne, surtout lorsque ces fourrages sont mouillés.
Les pommes de terre crues, les raves et autres racines, consommées avec excès, produisent quelquefois
aussi, mais plus rarement, la météorisation.

L'animal météorisé tend le cou, respire difficilement ; son ventre, et surtout le flanc gauche, se bal-
lonnent ; il pousse des mugissements plaintifs, se tient
immobile, le pouls baisse rapidement, et l'animal meurt
dans trois ou quatre heures.

Un remède très efficace est l'*alcali volatil*, à la dose
de 30 à 60 grammes, selon la force, pour le bœuf, et
de 20 à 25 gouttes pour le mouton, dans une petite
quantité d'eau froide. On conseille encore l'*eau de ja-
velle,* à la dose d'une cuillerée dans un demi-litre
d'eau de lessive, pour le bœuf, et quelques gouttes
dans une cuillerée d'eau de lessive, pour le mouton.
L'huile de noix réussit souvent.

On fait marcher vivement l'animal, on le frictionne
avec force, et on lui jette du sel au fond de la bouche
pour l'exciter à rendre des vents.

Si ces moyens ne réussissent pas, et si la mort
paraît imminente, il faut avoir recours à la ponction.
Elle se pratique au haut du flanc gauche, au-dessous
des fausses côtes, avec le trois-quarts, ou à son défaut
avec un fort canif ou un couteau bien pointu. On
donne ainsi une prompte issue aux vents qui allaient
étouffer l'animal. La plaie se guérit comme les plaies
ordinaires.

§ 6. D. Quels sont les cas de parturition où l'on peut aider la nature?

R. Les principaux cas de parturition où l'on peut efficacement aider la nature sont : lorsque la mère est trop vigoureuse ; lorsque, au contraire, elle est trop faible ; lorsque le petit se présente d'une manière irrégulière.

Lorsque la mère est trop vigoureuse et qu'elle fait des efforts prématurés, il faut bien se garder de tirer le petit pour le faire suivre. Il faut saigner la bête, lui donner de l'eau miellée dégourdie, et attendre qu'elle mette bas naturellement.

Lorsque, au contraire, la bête étant trop faible, ne peut s'aider elle-même par quelques efforts, on lui donne un breuvage composé, pour la vache et la jument, d'une à deux bouteilles de vin chaud aromatisé avec de la cannelle, et pour la brebis et la truie, de un à deux verres du même breuvage. Si ce moyen ne suffit pas, on essaie de faire suivre très doucement le petit par la tête et par les membres en même temps.

Il ne faut cependant pas confondre l'état de faiblesse réelle de la bête avec la faiblesse momentanée résultant de violents efforts. Il faudrait au contraire, en ce cas, opérer comme il vient d'être dit lorsque la mère est trop vigoureuse.

§ 7. D. Comment doit-on opérer lorsque le petit se présente irrégulièrement?

R. Dans la parturition régulière, le petit doit se présenter la tête première, allongée et appuyée sur les deux jambes de devant.

Quand ce sont les deux jambes de derrière qui se présentent, on s'assure d'abord que la queue a sa position naturelle, et alors le part se fait assez facilement.

Si les jarrets se présentent de pointe, on cherche à repousser très doucement le corps, et à ramener ensuite les extrémités postérieures comme il vient d'ê-tre dit.

S'il ne se présente qu'un des membres de derrière, on y fixe un lien, et l'on repousse le corps avec beau-coup de précautions pour chercher l'autre membre et la queue; alors on fait suivre très légèrement en tirant par les deux membres à la fois.

Si les deux membres de devant se présentent, et qu'on reconnaisse que la tête soit au-dessous, on cher-che le bout des mâchoires, et en tirant très légèrement on finit par allonger assez la tête pour qu'elle reprenne sa position naturelle.

Lorsque l'arrière-faix n'est pas sorti après vingt-quatre heures, on donne un breuvage comme il a été dit pour favoriser le part.

§ 8. D. Comment se traite l'inflammation des mamelles?

R. L'*inflammation des mamelles* se guérit en les lavant fréquemment avec de l'eau de mauve. Il est quelquefois nécessaire de faire tarir le lait ; on em-ploie alors avec succès l'argile délayée dans le vinai-gre, appliquée sur les mamelles. Si la douleur persiste, on a recours à la saignée et aux lavements d'eau de mauve. On lave les mamelles avec une décoction tiède faite avec deux poignées de feuilles de *belladone* et quatre *têtes de pavot*. Si les mamelles suppurent, on ouvre, s'il y a lieu, les abcès avec le bistouri, et l'on panse d'abord avec une décoction d'orge miellée, et ensuite avec du vin chaud. Si le pis durcit, on le frotte avec un liniment *ammoniacal camphré*.

CHAPITRE V. — SUITE DES MALADIES QU'ON PEUT TRAITER
SANS LE SECOURS DU VÉTÉRINAIRE.

§ 1. D. Comment se traitent la gale et les dartres?

R. Chez les animaux vigoureux, la gale se traite par la saignée, puis en lavant les plaies galeuses avec de l'eau de mauve ou une eau émolliente composée de deux cents grammes de *racine de guimauve* et quatre *têtes de pavot*, qu'on fait cuire dans 8 litres d'eau. Ensuite on frictionne avec une pommade composée de 250 grammes de graisse de porc, 62 grammes de *soufre sublimé*, et 31 grammes de *carbonate de potasse*; le tout bien broyé et bien mêlé. On emploie aussi avec succès la *pommade mercurielle* ou *onguent gris*.

Les dartres se traitent à peu près de la même manière. Donner aux bêtes malades une meilleure nourriture, et les tenir très proprement, est un des meilleurs remèdes; car le plus souvent ces maladies ont pour cause une nourriture de mauvaise qualité et la malpropreté.

On lave fréquemment les dartres avec l'eau émolliente dont on vient de donner la composition. Après quelques jours, on prendra 12 litres d'eau qu'on fera bouillir dans une mauvaise marmite avec une poignée de *chaux vive* et une poignée de *fleur de soufre*. On passe la liqueur à travers un linge. On se servira de cette eau pour laver les dartres, puis on les oindra avec l'*onguent mercuriel double*, ou avec un mélange de *goudron* et de *savon vert* par parties égales.

§ 2. D. Comment guérit-on la taie et les abcès ?

R. La *taie* ou *nuage* se guérit en insufflant dans l'œil qui a des taches, du *sucre candi* ou du *sulfate de zinc* en poudre impalpable. On réitère ces insufflations selon le besoin.

Pour faire mûrir l'*abcès*, on y met un cataplasme émollient, composé de feuilles de mauve et de farine de graines de lin. Quand il est mûr, on l'ouvre par incision, cautérisation ou ponction, pour faire sortir le pus.

Si l'inflammation a été rapide, on emploie l'incision. Elle se fait dans la partie inférieure de l'abcès, et on presse la poche, qu'on vide entièrement du pus qu'elle contient.

Si au contraire l'inflammation a été lente, il vaut mieux employer la cautérisation. La plaie se soigne comme les plaies ordinaires.

§ 3. D. Comment soigne-t-on les brûlures ?

R. Les *brûlures légères* se guérissent par des applications longtemps prolongées d'objets très froids, et puis de compresses imbibées *d'eau de Goulard,* qu'on maintient toujours humides. Les pommes de terre râpées, le coton en rame, l'huile d'olive, produisent de bons effets. Si l'inflammation survient, on emploie utilement des cataplasmes composés de pommes de terre râpées, arrosées avec de l'*extrait de Saturne.* S'il se forme des ampoules, on les crève sans découvrir la plaie, et on les panse avec le *cérat saturné.* En cas de suppuration, on emploie un cataplasme adoucissant composé de deux poignées de farine de graines de lin, d'une poignée de feuilles de *jusquiane* ou de *belladone.* On fait bouillir dans un peu d'eau, on applique tiède, et on arrose fréquemment avec une décoction de têtes de pavot ?

§ 4. D. Comment soigne-t-on les contusions et les plaies?

R. Les contusions légères se guérissent d'elles-mêmes ; quand elles sont fortes, on applique en compresse l'eau froide, l'eau vinaigrée, l'*extrait de Saturne*, la solution de *vitriol vert*. Les tumeurs récentes produites par la selle disparaissent par l'application d'un gazon frais imbibé de vinaigre et maintenu par une sangle. Quand l'accident date de plusieurs jours, des onctions de saindoux conviennent. S'il y a de la fièvre, on a recours à la saignée et à l'eau de son miellée et vinaigrée.

Quant aux plaies, on commence par en bien nettoyer la surface et en rapprocher les bords, puis on la couvre de charpie imbibée d'eau froide dans laquelle on aura mis quelques gouttes d'eau-de-vie; on maintient la charpie par une bande peu serrée. S'il y a de la fièvre, on met l'animal à la diète et à l'eau blanche. Si les bords de la plaie deviennent durs, très rouges et très douloureux, on emploie les cataplasmes émollients dont on a parlé plus haut, et même la saignée.

Les morsures des reptiles venimeux ou des animaux qu'on peut croire atteints de la rage doivent être immédiatement cautérisées avec l'*alcali volatil* ou le fer chauffé à blanc.

§ 5. D. Comment se traitent la fève ou lampas, les eaux aux jambes et les crevasses?

R. Ces trois maladies sont particulières au cheval. *La fève* ou *lampas* est un engorgement de la voûte du palais. Lorsque cette affection vient d'une inflammation intérieure, elle se guérit ordinairement par la diète et les boissons adoucissantes, l'eau blanche et les lavements. Si le gonflement vient de l'inflammation du palais seulement, on pratique une saignée au palais avec un bistouri très tranchant, et non avec une corne de chamois, comme on le fait ordinairement.

Pour le traitement des *eaux aux jambes,* on soumet chaque jour le cheval à un travail fatigant après lequel on lave la partie malade à l'eau tiède. On essuie avec soin, puis on lotionne avec de l'eau de rivière dans laquelle on a mis 65 grammes de *vert-degris.* On continue tous les jours jusqu'à la guérison. S'il y a des verrues, on les coupe successivement, et on cautérise avec le fer rouge, puis on emploie la même lotion. L'application du feu est aussi recommandée, mais cette opération ne peut être faite convenablement que par un homme de l'art.

Le traitement des *crevasses* exige un repos complet et une grande propreté. On peut employer d'abord l'eau de mauve en lotions, mais il faut passer bientôt à des lotions faites avec une solution légère de *vitriol bleu* dans le vinaigre. Si les crevasses sont anciennes, on applique un séton à la partie supérieure du membre malade ; on fait prendre à l'animal un purgatif composé de 150 grammes d'*aloès* en poudre dans deux litres d'eau, et administré tiède. On lui fait prendre des boissons miellées et vinaigrées.

§ 6. D. Comment se traitent la limace et l'engravée ?

R. La *limace* est une espèce d'ulcère qui se manifeste entre les onglons du pied dans l'espèce bovine. On prévient ordinairement cette affection par une grande propreté. Si l'inflammation se développe, on emploie le cataplasme émollient de feuilles de mauve et de graines de lin ; lorsque l'inflammation cesse, on emploie l'*extrait de Saturne* et la solution de *vitriol bleu.* Si l'ulcère se forme, on le panse avec *l'onguent égyptiac,* auquel on ajoute un peu de *sublimé corrosif.* Lorsque la plaie est en bonne voie de guérison, on la panse avec des linges imbibés d'eau-de-vie.

L'*engravée* est une maladie du pied produite par des graviers qui s'enchâssent dans l'ongle. On nettoie bien le pied, on fait reposer l'animal, et on le fait ferrer.

§ 7. D. Qu'est-ce que la clavelée, et quel est son traitement ?

R. La *clavelée* est une éruption de boutons contagieuse qui se manifeste chez le mouton. Quand une bête est attaquée, tout le troupeau y passe.

Le traitement de cette maladie, dont on ne connaît pas la cause, est plutôt préservatif que curatif. On loge les animaux à l'aise dans des bergeries bien sèches, on les fait parquer si le temps le permet, on diminue un peu leur nourriture, en la leur donnant de meilleure qualité. On sale leur boisson, on y mêle un peu de vinaigre. Si l'éruption languit, on l'active en faisant prendre aux moutons une infusion de *petite centaurée* ou un peu de vin.

Pour préserver les troupeaux de cette maladie, on emploie d'ailleurs un moyen analogue à la vaccination. On inocule aux moutons le virus claveleux. Cette opération se fait au printemps ; on prend la matière sur des boutons où elle est encore transparente, et avec la lancette chargée de cette matière, on pique le mouton dans une partie du corps dépourvue de laine. La clavélisation favorise le développement d'une clavelée qui n'a aucun danger, et elle met pour toujours les moutons à l'abri de la contagion.

§ 8. D. Comment peut-on traiter le muguet des agneaux et le sang de rate ?

R. Le *muguet des agneaux* est une espèce de chancre qui leur vient à la bouche et les empêche de téter. On fait un mélange de poivre, de sel et de vinaigre, et on frotte fortement les lèvres et la bouche de l'agneau avec un pinceau trempé dans ce remède. Il faut avoir soin de faire avaler du lait aux agneaux que le muguet empêche de téter. Les chancres de la bouche chez le mouton adulte se guérissent par la cautérisation avec l'*acide nitrique* ou *eau forte*.

Le *sang de rate* est une maladie inflammatoire qui fait périr très promptement les moutons attaqués. Sans aucun signe précurseur de maladie, l'animal frappé est comme tout étourdi, il chancelle, écume, rend du sang par les excréments et les urines, tombe et meurt dans l'espace d'une demi-heure, et quelquefois plus vite encore. C'est ordinairement pendant les fortes chaleurs que le sang de rate sévit.

Il n'y a pas de remède pour la bête une fois attaquée. Mais on peut préserver le troupeau par un traitement préventif. Il faut immédiatement saigner toutes les bêtes qui ont les yeux, les lèvres ou la bouche plus rouges qu'à l'ordinaire. Il faut tenir le troupeau à l'ombre, mêler du sel à la nourriture des moutons, et leur faire boire de l'eau dans laquelle on a fait dissoudre une petite quantité de *sulfate de fer*. Les bons soins généraux, tant sous le rapport du logement et de l'alimentation, que sous celui de la propreté, sont les meilleurs préservatifs.

§ 9. D. Quels sont les remèdes contre la pourriture et le piétin?

R. La *pourriture* attaque plus ordinairement les moutons qui vivent sur des pâturages humides et marécageux. La bête atteinte mange peu, marche lentement, ses yeux et sa bouche se décolorent, la laine se détache quand on la tire, et vers la fin de la maladie, il lui vient tous les soirs une sorte de goître. Pour éviter la pourriture, il faut tenir les animaux dans des pâturages sains, et leur donner une bonne nourriture. Quand la maladie a commencé, on fait boire un peu de vin à la dose de trois ou quatre cuillerées à la fois. L'eau destinée à la boisson des bêtes malades contiendra en dissolution du *sulfate de fer*, et l'on mêlera du sel dans leur provende. On les mettra à une nourriture sèche.

Le *piétin* est un ulcère qui attaque le pied du mouton au point de faire tomber l'onglon. Les bêtes malades broutent à genoux ou couchées, et dépérissent promptement.

Une grande propreté dans les litières est le meilleur préservatif. Pour guérir le piétin, on enlève avec un instrument bien tranchant tout ce qui est atteint, jusqu'au vif, et on cautérise soit avec l'*eau forte*, soit avec le *sulfate de cuivre* bien pulvérisé, qu'on fixe avec un peu de salive et un chiffon. Si cela ne suffit pas, il faut, après avoir bien nettoyé la plaie jusqu'au vif, entourer le pied malade avec des étoupes recouvertes d'*onguent égyptiac*, et panser tous les jours.

§ 10. D. Quel est le traitement de l'angine des porcs?

R. Tous les animaux domestiques sont sujets à l'angine. Cette maladie est plus dangereuse pour les porcs que pour tous les autres; quelquefois elle les fait périr dans vingt-quatre heures, et devient contagieuse.

Le porc atteint a la voix rauque et respire difficilement; il a le cou enflé, et tousse fréquemment. Le traitement de l'angine des porcs consiste dans l'application d'un séton qu'on enduit de poudre de *cantharides*, à travers l'enflure du cou, et on tire chaque jour la mèche, en renouvelant l'enduit. On lui fait prendre toutes les deux ou trois heures, tantôt en boisson, tantôt en lavement, un demi-litre d'une *in-*

fusion d'absinthe très forte, mêlée avec un cinquième de vinaigre.

Pour les bœufs et les chevaux, l'angine n'est ordinairement pas dangereuse. Des boissons d'eau blanche tiède, des frictions et des lavements d'eau de mauve suffisent le plus souvent pour faire disparaître le mal. On peut encore enduire la gorge d'*onguent populeum*, et couvrir avec de la laine non lavée. S'il y a de la fièvre, on fait une saignée. Quand la maladie ne cède pas à ce traitement, on applique un large vésicatoire autour de la gorge.

On ne parlera point ici des autres maladies ou accidents plus graves auxquels les animaux domestiques sont sujets. Comme on l'a dit plus haut, l'agriculteur prudent ne traitera que les maladies qui lui seront parfaitement connues, et pour les autres, il se hâtera d'appeler un vétérinaire expérimenté. Dans ce dernier cas, l'animal malade sera provisoirement mis à la diète et à l'eau blanche, il sera couvert et mis à l'abri des courants d'air.

CHAPITRE VI. — ABEILLES. — VERS A SOIE.

§ 1. D. L'éducation des abeilles est-elle avantageuse?

R. L'éducation des abeilles est très avantageuse dans les cantons couverts de prairies naturelles et artificielles, de bois, de vergers ; dans ceux où l'on cultive beaucoup de sarrasin ou de plantes à huile. Ces précieux insectes trouvent à faire, dans ces conditions, d'abondantes récoltes sur les fleurs des plantes et sur la miellée qui se produit sur les feuilles des arbres. Le voisinage des plantes odoriférantes, telles que la lavande, la marjolaine, le romarin, le thym, le réséda, le serpolet ; celui des jardins fruitiers et d'agrément, est particulièrement favorable à cette éducation.

Le produit des ruches, quoiqu'il soit nécessairement assez restreint, n'en est pas moins l'un des plus nets qu'on puisse obtenir, puisqu'il ne coûte qu'un abri et quelques soins presque gratuits.

§ 2. D. Dans quelles conditions l'éducation des vers à soie est-elle avantageuse :

R. Les vers à soie se nourrissent exclusivement de feuille de mûrier. Partout où peut prospérer le mûrier, on peut s'occuper avec avantage de l'éducation des vers à soie, parce qu'on supplée facilement à la chaleur naturelle de la température nécessaire à ces précieux insectes, par la chaleur artificielle des poêles, des cheminées et des calorifères.

Le terrain, l'exposition et le climat les plus favorables au mûrier sont ceux où la vigne réussit le mieux. (Voyez IV⁰ partie, 4ᵉ subdivision, chap. I.) L'invasion de la maladie de la vigne donne une nouvelle importance à l'éducation des vers à soie. La plupart des coteaux où prospérait la vigne avant l'apparition de l'*oïdium* sont trop en pente et trop arides pour nourrir d'autres plantes productives que le mûrier, à qui ils conviennent d'ailleurs parfaitement.

L'entreprise d'élever des vers à soie suppose un nombre de mûriers proportionné à la quantité qu'on veut élever. Il vaut mieux avoir de la feuille de reste que d'en manquer ; car alors, si l'on ne peut s'en procurer d'ailleurs, tous les vers périssent.

§ 3. D. Comment doit être disposé le local où l'on élève les vers à soie ?

R. Le local où l'on élève les vers à soie doit être bien aéré, parfaitement planchéié et récrépit, pour que les rats et les souris n'y puissent pénétrer. Il sera percé de nombreuses fenêtres bien ajustées, au moyen desquelles on pourra établir à volonté des courants d'air ; il sera garni de tablettes d'une largeur de 50 centimètres, reposant sur des traverses et des poteaux ; elles seront espacées d'environ 60 centimètres ; et autour de chaque table, portant ainsi un nombre de tablettes proportionné à la hauteur du local, on ménagera des couloirs de 60 à 75 centimètres de largeur, pour circuler librement. Il est préférable d'employer des toiles très claires, tendues au moyen d'un tour fixé entre les deux poteaux d'un des côtés. Il y aura d'ailleurs une ou plusieurs cheminées ou poêles, selon la grandeur de la pièce, pour l'échauffer à volonté ; des thermomètres seront placés en plusieurs endroits pour régler la température.

Le local où l'on élève les vers à soie s'appelle *magnanerie*.

§ 4. D. Quels sont les soins généraux à prendre pour l'éducation des vers à soie ?

R. Les soins généraux à prendre pour l'éducation des vers à soie se rapportent à la quantité de la nourriture, au renouvellement de l'air, à la température, à la propreté.

La feuille doit être bien saine ; ne jamais être donnée mouillée de pluie ou de rosée. On doit faire consommer d'abord la plus tendre, et, pour cela, faire éclore les vers au moment où les *bourgeons* des mûriers commencent à pousser leurs feuilles. Il vaut mieux faire jeûner les vers que de leur donner de la feuille mouillée ou de mauvaise qualité ; il est prudent d'avoir toujours à l'avance au moins pour une journée de nourriture.

La cueillette se fait à l'aide d'une échelle; d'une main le ramasseur se tient aux branches, et de l'autre il cueille les feuilles en les arrachant de bas en haut, dans le sens de la branche, et il les met dans une toile qu'il a autour du corps; lorsque cette toile est pleine, il la vide dans une grande bâche, à l'ombre, puis cette feuille est portée au magasin, où on l'épluche très proprement.

L'air doit pouvoir être renouvelé à volonté dans la magnanerie; rien ne nuit plus aux vers à soie qu'un air vicié. On n'attendra donc pas, pour renouveler l'air, que la mauvaise odeur se manifeste.

La température doit être élevée en proportion de la faiblesse des vers, et ne varier qu'insensiblement; une température constante étant une des principales conditions de succès. Cette différence peut varier entre 21 et 27 degrés centigrades.

La magnanerie sera tenue dans une extrême propreté : elle sera fréquemment balayée. Les tablettes seront garnies de papier bien sec; on changera souvent de place les vers à soie, au moyen de filets à mailles de deux centimètres au carré qu'on étend sur eux; on y répand de la feuille, et lorsque les vers sont tous montés sur le filet, on les enlève tous à la fois en transportant le filet sur une autre tablette bien nette; puis on nettoie la place que les vers viennent de quitter. Cette opération, qui s'appelle *délitement*, doit être très fréquente, surtout vers la fin de l'éducation. Deux personnes intelligentes et actives peuvent en peu de temps déliter une grande quantité de vers. C'est surtout au moment du délitement qu'il faut à la fois renouveler l'air et élever la température, si la chaleur de l'air n'est pas à 21 degrés centigrades.

§ 5. D. Quels sont les soins particuliers que demande l'éclosion des vers à soie?

R. Il y a plusieurs manières de faire éclore les vers à soie. La meilleure est la plus prompte ; dans ce but, on dispose un local un peu humide, peu spacieux, bas, muni de tablettes très peu élevées et chauffé par un poêle. C'est ce qu'on appelle une *étuve*. On y place la graine après l'avoir détachée avec précaution des toiles où elle était fixée, et qu'on fait pour cela tremper dans de l'eau tiède. L'opération se fait très bien à l'aide d'un couteau ; la graine tombe dans l'eau ; la mauvaise surnage, on la jette ; on ramasse l'autre avec soin, et on la fait sécher complètement sur des assiettes ou sur du papier ; puis on la place dans des boîtes de carton qu'on recouvre de canevas, et alors on la met dans l'étuve. On élève peu à peu la température jusqu'à 38 degrés centigrades ; on la maintient à ce point, et au bout de quatre ou cinq jours, l'éclosion se fait avec beaucoup d'ensemble, ce qui est un point capital pour assurer la régularité de l'éducation. Pendant deux jours on recueille les vers en cinq ou six reprises différentes, en mettant chaque levée à part. Cette levée se fait en mettant sur la graine recouverte d'un épais canevas des feuilles de mûrier très tendres, qu'on place avec beaucoup de précaution, lorsqu'elles sont chargées de vers, sur une feuille de papier ; quand chaque feuille est bien garnie, on la fait glisser sur la tablette où les vers passent quelques jours, étant séparés en autant de divisions qu'il y aura eu de levées.

§ 6. D. Quels sont les soins particuliers qu'exigent les vers à soie depuis leur naissance jusqu'à la montée ?

R. Les vers à soie changent quatre fois de peau,

et demeurent à chaque mue un jour sans manger. Lorsque les vers veulent changer de peau, ils sont immobiles et tiennent droite leur tête, qui paraît enflée. Il est inutile de leur donner à manger à ces époques. On appelle *âges* le temps qui s'écoule entre ces diverses mues.

Le premier âge dure cinq ou six jours, et le second quatre ou cinq, selon que la température est plus ou moins élevée, et que les vers auront consommé plus ou moins de feuilles. Pendant ces deux premiers âges, la température doit être d'abord à 26, puis à 24 degrés centigrades. On donne trois repas par jour avec de la feuille bien tendre, coupée à l'aide d'un hache-feuille ou à la main. L'emploi d'un hache feuille est très économique.

Le troisième âge dure sept ou huit jours ; on donne pendant sa durée quatre repas avec de la feuille coupée, savoir : le premier au point du jour, le second à dix heures, le troisième à deux heures du soir, et le dernier à la nuit. La température doit être de 23 degrés centigrades. On délite aussi souvent que possible, en donnant chaque fois beaucoup plus d'espace aux vers.

Le quatrième âge dure six jours, 21 degrés centigrades suffisent. On ajoute un repas par jour, et l'on ne coupe plus la feuille. A chaque repas, on couvre largement les vers, sans que d'ailleurs les feuilles forment paquets.

Le cinquième âge dure une dizaine de jours, une température de 21 degrés centigrades suffit. On continue les cinq repas pendant les trois premiers jours ; et ensuite on en donne six, sept et jusqu'à huit ; en un mot, on les répète aussi souvent que le demande la voracité vraiment surprenante des vers à cette époque. C'est ce qu'on appelle *la grande frèze*. La consommation devient alors incroyable. Cet énorme appétit cesse deux jours avant la montée.

Pendant les deux derniers âges, les délitements doivent être très fréquents, et l'espace laissé en proportion de la grosseur. Lorsqu'on connaît, à la transparence des vers et à leur agitation, que le moment de la montée s'approche, on procède à un dernier délitement en nettoyant parfaitement toutes les tablettes.

§ 7. D. Comment se fait la montée des vers à soie ?

R. Si toutes les circonstances de l'éducation ont été favorables, les vers à soie monteront trente jours après leur naissance. Pour filer son cocon, le ver à soie a besoin d'une place qui lui offre de nombreux points d'appui. On lui ménage ces secours au moyen de menus branchages, de forte bruyère ou de brins de genêt, qu'on place de manière à former une multitude de petites cabanes. Il faut pour cela que ces matériaux soient plus longs que l'intervalle des tablettes ; on les appuie du bas, et, en écartant les brins, la pression qu'ils éprouvent par la tablette supérieure leur donne assez de fixité. On les dispose d'ailleurs aussi régulièrement que possible, sans laisser trop de vide, mais aussi sans les trop presser les uns contre les autres, afin que les vers trouvent dans les intervalles une place convenable. Lorsque les vers sont mûrs, c'est-à-dire prêts à filer, ils s'empressent de monter sur la bruyère dès qu'on la met à leur portée. Pour leur en faciliter encore plus les moyens, on a un grand nombre de petits bâtons qu'on dispose comme autant d'échelles, du milieu des petites loges formées par la bruyère, sur les côtés ou vers le haut des cabanes.

Une fois que le ver a choisi la place où il veut filer, il s'arrête, demeure pendant quelque temps immobile, et après s'être vidé, il commence son cocon. Il lui faut trois ou quatre jours pour le terminer, puis il se métamorphose en chrysalide.

§ 8. D. Comment se fait la cueillette des cocons, e quel est le parti qu'on peut en tirer?

R. Trois jours après que le dernier ver est monté, on enlève avec précaution les bruyères chargées de cocons, et on les en détache sans les froisser, mettant avec soin de côté ceux qui sont mous, doubles, tachés, et séparant avec soin les jaunes des blancs. On vend les cocons tels qu'on les a récoltés, ou bien on les fait filer pour vendre la soie. Dans le premier cas, il ne faut mettre aucun retard à la vente ; car, si le temps est chaud, les chrysalides deviennent papillons, et percent les cocons une vingtaine de jours après qu'ils ont commencé à filer ; alors la soie n'aurait presque plus de valeur. Si l'on fait filer les cocons, on peut, pendant quelques jours, les filer tels qu'on les a récoltés ; puis il est nécessaire de faire périr la chrysalide dans le cocon. Pour cela on emploie plusieurs moyens : tantôt on met les cocons dans le four, deux heures après qu'on a retiré le pain, en ayant soin de les placer sur des planches, sans qu'il y ait beaucoup d'épaisseur ; tantôt, lorsque la récolte est abondante, on les étouffe à la vapeur, en les mettant dans des caisses parfaitement closes, dans lesquelles on introduit un jet de vapeur au moyen d'un tuyau communiquant à une chaudière.

Puis on les fait sécher, et on les place sur des tablettes en attendant qu'on puisse les faire filer.

§ 9. D. Comment doit-on s'y prendre pour avoir de bonne graine ?

R. Pour avoir de bonne graine, on choisit les cocons les plus durs; il en faut un demi-kilogramme pour produire 25 grammes de graine. On les place dans un endroit sec et chaud, mais un peu obscur. Lorsque les papillons naissent, ils s'accouplent sans retard ; on les place, en cet état, sur les linges fins où l'on veut recueillir la graine. Dès que l'accouplement cesse, les femelles commencent à pondre ; après la ponte, on fait bien sécher les toiles à l'air, puis on les serre dans un endroit frais et sec, et à l'abri des souris, jusqu'à l'année suivante.

§ 10. D. Quel est le produit de l'éducation des vers à soie ?

R. L'éducation des vers à soie est une des opérations agricoles les plus chanceuses ; tantôt on obtient de magnifiques résultats, tantôt, quand une gelée tardive de printemps frappe les mûriers, ou bien quand les maladies surviennent, toute espérance du succès est détruite. L'éducation des vers à soie demande plus de soins, d'activité, de surveillance, que de déboursés.

Pour nourrir convenablement les vers provenant d'une once de graine, il faut environ 900 kilogr. de feuilles. Les frais peuvent s'élever à 80 fr. par once. L'once, quand l'éducation a bien réussi, produit 50 kilogr. de cocons qui valent en moyenne 4 fr. le kilogr. D'après ce compte, le produit brut d'une once de graine serait de 200 fr., et le produit net de 130 fr. ; c'est-à-dire, en d'autres termes, que le quintal métrique de feuilles de mûrier se trouve payé à un peu plus de 13 fr.

En faisant filer les cocons, le bénéfice est beaucoup plus considérable ; le kilogr. de soie filée vaut ordinairement de 75 à 80 fr. Il faut, en moyenne, 10 k. de cocons pour un kilogr. de soie ; mais on s'expose à perdre une grande partie de la valeur de la soie, si elle n'est pas parfaitement filée.

SIXIÈME PARTIE.

SCIENCE DE LA COMPTABILITÉ AGRICOLE.

CHAPITRE UNIQUE.

§ 1. D. Quel est le but de la comptabilité agricole ?

R. La comptabilité agricole a pour objet de fixer l'agriculteur sur le prix de revient de toutes ses récoltes, et de toutes les opérations agricoles qu'il peut faire, et, par conséquent, sur l'importance des avantages ou des inconvénients de chacune d'elles.

§ 2. D. L'expérience ne peut-elle conduire l'agriculteur au même résultat ?

R. L'expérience ne peut jamais remplacer complètement la comptabilité agricole. Si versé que l'on soit dans la pratique de l'agriculture, il est impossible de se rendre exactement compte de tout, sans une méthode raisonnée d'évaluer avec précision chaque dépense et chaque produit. L'agriculteur qui suit aveuglément la routine, qui cultive telle ou telle récolte, seulement parce que son père la cultivait, et que tel est l'usage ; qui engraisse ou élève telle ou telle espèce de bétail, par le seul motif que cela se pratique ainsi dans la contrée qu'il habite, ressemble à un manufacturier qui fabriquerait en grand, à tort et à travers, sans s'inquiéter du prix de la matière pre-

rficie :   000

FROME

SOMMAIRE

T DES DÉPENSES.

is de la fum
commencem
t doit être

ut,340 »
ou
re-
. 226 58

ou
net,122 42

. des dépenses.

Terre de LACOMBE. — Superficie : un hectare. — Valeur : 5,000 fr.

Exercice. — 1er Année de l'Assolement. POMMES DE TERRE.	Exercice. — 2e Année de l'Assolement. AVOINE D'HIVER.	Exercice. — 3e Année de l'Assolement. TRÈFLE.	Exercice. — 4e Année de l'Assolement. FROMENT.
[illegible]	[illegible]	[illegible]	[illegible]

mière, du prix du travail et du prix de vente des objets manufacturés.

§ 3. D. Y a-t-il quelque rapport entre l'agriculture et le commerce?

R. L'agriculture est aussi bien une véritable industrie qu'elle est le plus utile de tous les arts. L'agriculteur est fabricant de blé, de vin, d'huile, de viande, de lait, de beurre, de fromage, de laine, de soie, etc. Les divers produits de l'agriculteur sont autant de marchandises obtenues du sol par le travail. Il s'agit de savoir dans quelles circonstances ces produits donnent un profit net suffisant pour payer le travail de l'agriculteur. C'est là ce qu'apprend la comptabilité agricole.

§ 4. D. Y a-t-il plusieurs méthodes de comptabilité agricole?

R. Il y a bien des méthodes diverses de comptabilité agricole; la plus simple consiste à ouvrir à chaque pièce de fonds et à chaque objet distinct de spéculation agricole un compte séparé. D'un côté, l'on inscrit par dates toutes les dépenses de toute nature, en argent, travail, engrais, etc., que l'exploitation de ces pièces de fonds ou l'opération agricole aura occasionnés, et, de l'autre côté, en regard, le produit. Lors du final règlement du compte, la différence entre les deux additions, et qu'on appelle *balance*, représente le produit net ou la perte qui est le résultat de la culture ou de l'opération.

§ 5. D. Ces divers comptes séparés suffisent-ils pour établir une bonne comptabilité agricole?

R. Indépendamment des comptes séparés, ouverts à chaque pièce de fonds et à chaque objet distinct de spéculation agricole, il est essentiel d'avoir un livre journal où l'on écrive chaque soir tout ce qui se sera fait dans la journée, comme achats, ventes, nombre d'heures de travail employées à telle ou telle opération. Il convient d'y détailler aussi les circonstances de température, d'état du sol avec lesquelles chaque opération se fait ; les mesures d'administration rurale qu'on prend ou qu'on a l'intention de prendre. C'est de ce livre journal qu'on extrait à loisir chaque article pour le porter sur celui des comptes particuliers auquel il se rapporte.

Il est aussi très important de dresser un inventaire exact de tous les objets servant à l'exploitation, tels que bestiaux divisés par espèces, et selon leur destination ; denrées en magasin ; provisions de ménage ; mobilier de la ferme ; argent ; valeurs encaissées ou à recevoir, etc.

Il faut encore un livre de caisse où l'on n'inscrive rien autre chose que l'argent ou les valeurs qu'on donne ou qu'on reçoit.

§ 6. D. Comment est-il possible d'évaluer d'une manière suffisamment précise les dépenses de toute nature qu'exige une récolte quelconque ?

R. Il est certaines dépenses de culture qu'il est très facile d'évaluer. Ce sont les semences qu'on compte au prix du marché, les engrais qu'on achète ou dont on détermine la valeur d'après le prix qu'ils vaudraient si on les achetait, et les journées qu'on paye en argent. Mais beaucoup d'autres dépenses, comme les travaux de préparation du terrain, ceux de transport des fumiers et des récoltes, d'ensemencement, de plantation et d'entretien, exécutés à l'aide du personnel, des animaux de travail et des instruments agricoles du domaine, sont plus difficiles à préciser. On y parvient cependant, et cela d'une manière très approximative, en cherchant quelle est la valeur de l'heure de travail soit des personnes, soit des animaux, et en portant au compte de chaque récolte le prix des heures de travail employées.

§ 7. D. Comment peut-on se rendre compte de la valeur de l'heure de travail des personnes ?

R. Pour se rendre compte de la valeur de l'heure de travail des personnes, il faut ajouter au salaire annuel de chaque individu en argent, nourriture ou entretien, une somme représentant la valeur du loyer, du renouvellement des outils, du blanchissage, éclairage, etc., et diviser ce total par le nombre d'heures de travail qu'il y aura dans l'année. La valeur de l'heure de travail variera nécessairement selon le salaire et les autres circonstances.

§ 8. D. Donnez un exemple de l'évaluation du prix de l'heure de travail des personnes.

	fr.	c.
R. Supposons un domestique gagnant un salaire de	160	»
Nourriture, 76 c. par jour, soit pour l'année.	276	40
Logement, prestations, blanchissage, éclairage, renouvellement des ustensiles de ménage.	23	60
Renouvellement et entretien des outils de main.	5	»
Total.	465	»

Il y a dans l'année, dictraction faite des jours fériés et des jours perdus en courses étrangères au travail agricole, environ 300 journées : soit, par mois, 25 journées ouvrières.

En novembre, décembre, janvier et février, le travail peut commencer, en moyenne, à 7 heures du matin et finir à 5 heures du soir. Retranchons deux heures pour prendre les repas et pour les allées et venues, soit huit heures de travail effectif pour la journée, et pour les quatre mois, 800 h.   800 heur.

En mars, avril, septembre et octobre, le travail peut, en moyenne, commencer à 6 heures du matin et finir à 7 heures du soir, soit treize heures par jour. A retrancher deux heures pour les repas ou les allées et venues, reste 11 heures, et pour les quatre mois 1100 h.   1100

En mai, juin, juillet et août, la journée de travail peut, en moyenne, commencer à 4 heures du matin et finir à 8 heures du soir, soit seize heures. A retrancher, pour les repas, les allées et venues et le temps nécessaire au repos pendant la forte chaleur, quatre heures; reste 12 heures de travail par jour, et pour les quatre mois 1200 heures.   1200
____

Total général, 3100 heures pour l'année ouvrière.   3100

En divisant le nombre de 465 fr. trouvé plus haut pour la dépense totale du domestique, dont on a supposé que le salaire était de 160 fr., par le nombre d'heures de travail effectif, on aura 15 cent. pour valeur de l'heure de travail de ce domestique. Par conséquent, dans l'évaluation des dépenses applicables à chaque culture, il faudra porter en compte autant de fois 15 c. que ce domestique y aura employé d'heures de travail; et ainsi d'autres aides agricoles, proportionnellement à leur salaire.

§ 9. D. Comment peut-on se rendre compte de la valeur de l'heure de travail des animaux?

R. Il est un peu plus difficile de se rendre un compte exact de la valeur de l'heure de travail des animaux que de celle des personnes. Cependant on y parvient assez approximativement en ajoutant à la valeur des animaux les frais de nourriture, d'entretien, plus une somme pour les cas fortuits, pour l'intérêt du prix d'achat, une autre pour l'achat, le renouvellement et l'entretien des instruments agricoles, une autre enfin pour le logement, les prestations, et en divisant cette somme par le nombre d'heures de travail des animaux. Avant de faire cette division, il faudra retrancher les valeurs produites par ces animaux.

§ 10. D. Donnez un exemple de l'évaluation du prix de l'heure de travail des animaux.

R. Pour donner un exemple de l'évaluation du prix de l'heure de travail des animaux, on supposera une paire de bœufs de trait ayant coûté 500 fr. ou estimés à ce prix, et qu'on aura gardés un an.

	fr.	c.
Prix des bœufs.	500	»
Intérêt de l'argent, cas fortuits, mémoire du maréchal et du vétérinaire. . . .	38	40
Soins journaliers, logement, prestation.	22	»
Nourriture, à raison de 13 kilogr. de foin par jour et par tête, ou leur équivalent en racines, etc., en comptant le kilogr. à 5 cent.	474	50
Paille employée pour litière, à raison de 5 kilogr. par jour, à 2 cent. 1/2 le k.	45	60
Renouvellement et entretien du mobilier agricole, chariots, tombereaux, charrues, etc., 15 0/0 du prix d'achat.	37	50
Total général.	1118	»

Ces bœufs se sont vendus, on suppose. . . . . 530 fr.

Ils ont fait 24 m. cubes de fumier, d'une valeur, sur place, de 4 fr. 50 c. . . . 108 fr.   } 638 »

Reste pour frais de toute sorte. . .   480 »

On ne peut compter en moyenne, toute compensation faite, plus de cinq heures de travail effectif par journée ouvrière ; soit, pour 300 journées, 1,500 heures de travail effectif. En divisant par ce nombre celui de 480 fr. trouvé tout-à-l'heure pour évaluation de toutes les dépenses de cette paire de bœufs, on aura, en nombre rond, 31 c. pour la valeur de chaque heure de travail ; on portera donc au compte des dépenses de chaque culture autant de fois 31 c. qu'on y aura employé d'heures de travail de ces bœufs. On peut faire un calcul analogue pour quelque espèce d'animaux de travail que ce soit.

§ 11. D. Lorsqu'on achète des animaux de travail, on sait bien ce qu'ils coûtent, mais l'on ignore pendant combien de temps on les gardera, et le profit ou la perte qu'ils occasionneront : comment alors peut-on en évaluer exactement la dépense, et fixer le prix de revient de l'heure de leur travail ?

R. Par l'exemple donné ci-dessus, on a voulu indiquer la manière d'opérer dans ces évaluations, mais on n'a pas voulu dire qu'il faille d'avance préciser les chiffres ; ils doivent nécessairement varier beaucoup selon les circonstances. Mais il est toujours facile de porter à la fois sur le livre journal et sur le compte de chaque pièce de fonds le nombre d'heures employées pour chaque culture, en laissant la place du chiffre qui doit en fixer la valeur, et après la vente des animaux, d'après les indications qu'on vient de donner, déterminer et inscrire à sa place le chiffre correspondant à la valeur de l'heure de travail. Si l'on n'a pas vendu les animaux, et qu'on veuille régler définitivement le compte, on en fait, au cours des foires, une estimation exacte, et on procède comme s'ils étaient vendus, en les portant ainsi sur l'inventaire au prix où ils auront été estimés.

§ 12. **D.** Comment peut-on assigner, dans un assolement quelconque, la quantité de fumier absorbée par chaque récolte ?

R. On a dit, en traitant des engrais, que la fumure devait être en rapport avec la durée de l'assolement, d'après la nature plus ou moins épuisante de chaque culture, et avec les qualités du terrain. Des expériences nombreuses et raisonnées ont prouvé l'exactitude des faits suivants : Sur un terrain de consistance et de fertilité moyennes, une fumure à raison de 30,000 kilogrammes de bon fumier par hectare sera suffisante pour un assolement de deux ans, et sera épuisée moitié par la première, et moitié par la seconde récolte. La même quantité suffira encore, à la rigueur, pour un assolement de trois ans, si l'on intercale une récolte améliorante entre deux récoltes épuisantes. On portera alors sur le compte de la première récolte la moitié de la valeur du fumier, et l'autre moitié sur la troisième, la seconde ayant rendu à la terre autant d'éléments de fertilité qu'elle en a tiré. Il sera toujours plus économique cependant, pour cet assolement, soit de donner une fumure de 15,000 kilogrammes de bon fumier à chacune des récoltes épuisantes, soit de commencer l'assolement par une application de 40,000 kilogrammes de fumier. On en portera, dans ce dernier cas, la valeur selon la proportion qui vient d'être indiquée.

Pour l'assolement de quatre ans, et dans les mêmes conditions de terrain, il convient de fumer à raison de 48,000 kilogrammes de bon fumier par hectare au moins, qui font environ 64 mètres cubes. On porte au compte de la récolte sarclée, par laquelle on commence l'assolement, la moitié de tous les frais de fumure ; le quart sur la récolte qui la suit ; la récolte fourragère semée dans celle-ci ne doit supporter aucune partie de cette dépense, attendu qu'elle ne tire pas du sol autant d'engrais qu'elle y en dépose, surtout si c'est un trèfle qui a été plâtré. Le dernier quart est porté au compte du blé qui suit la récolte fourragère. Cette quantité de fumier, jointe aux principes améliorants que la récolte fourragère laisse après elle dans le sol, assure la prospérité de cette quatrième récolte. Pour les récoltes dérobées, il est essentiel d'appliquer une légère fumure, si l'on ne veut pas épuiser la terre. L'entière dépense de cette fumure est portée au compte de la récolte dérobée.

§ 13. D. D'après toutes ces indications, pouvez-vous donner un exemple de compte de culture ?

R. Pour mieux faire comprendre tout ce qui précède, on va présenter un exemple détaillé d'un compte de culture basé sur les indications données. Supposons qu'il s'agisse d'une pièce de terre de consistance et de fertilité moyennes, ayant un hectare de superficie, et se trouvant éloignée de mille mètres des bâtiments d'exploitation. Supposons que cette terre soit soumise à l'assolement de quatre ans, suivant : Première année, pommes de terre ; deuxième année, avoine avec trèfle ; troisième année, trèfle plâtré ; quatrième année, blé. Supposons encore que l'heure de travail revienne pour les hommes employés à 15 cent., pour les femmes à 11 cent., et pour chaque paire de bœufs à 31 cent.

Avant toute dépense, il faut d'abord compter l'impôt, et puis la rente de la terre, c'est-à-dire l'argent qu'on recevrait d'un fermier qui la louerait, ou ce qu'on payerait soi-même au propriétaire, si l'on prenait cette terre à loyer. On peut porter cette rente tout au plus à 3 pour cent de la valeur du capital.

Le bénéfice de l'agriculteur ne commence qu'après la défalcation de l'impôt, de la rente de la terre et de toutes les dépenses d'exploitation.

DE LA CULTURE

DES

PRINCIPALES PLANTES
POTAGÈRES

avec quelques notions

SUR LA TAILLE ET LA CONDUITE DES ARBRES FRUITIERS

ET

LA CONSERVATION DES FRUITS.

Un bon jardin, bien engraissé, bien cultivé, est, de toutes les natures de fonds, la plus productive. Pendant tout le cours de l'année, il donne une grande abondance de légumes divers, qui sont une bien précieuse ressource, tant sous le rapport de l'économie du grain dans l'entretien du ménage, que sous celui du bien-être et de la santé de la famille.

C'est donc un objet d'une grande utilité, et dans toute exploitation bien ordonnée il y aura un jardin assez étendu, car il vaut mieux avoir trop que pas assez de légumes ; les porcs et les vaches laitières se trouvant parfaitement d'un supplément de provende consistant en débris de légumes frais.

Quelques arbres fruitiers, choisis parmi les meilleures espèces, convenablement taillés et disposés soit en espaliers, soit en quenouilles, ajouteront à l'agrément et à l'utilité du jardin, sans en diminuer sensiblement les produits, pourvu qu'ils soient en petit nombre et dirigés avec intelligence.

Nous ne donnerons pas ici un calendrier du jardinier, où l'on pourrait trouver par ordre de temps, et mois par mois, les détails de culture de chaque plante potagère, comme cela se fait dans la plupart des traités d'agriculture. Il nous semble que cette division doit occasionner quelques erreurs, à cause de la différence des climats, et qu'elle nécessite d'ailleurs de fréquentes répétitions ; pensons qu'il est préférable de parler séparément de chaque légume. C'est donc ce que nous allons faire, en suivant l'ordre alphabétique des espèces analogues.

AIL, ÉCHALOTTE, CIBOULE, OGNON, POIREAU.

L'*ail* se multiplie par ses caïeux. On les plante à la fin de l'automne ou au commencement du printemps, à sept ou huit centimètres de profondeur, et à dix ou douze de distance. On sarcle et on bine au besoin. On les arrache quand les feuilles commencent à sécher.

L'*échalotte* se cultive comme l'ail, sauf la plantation, qui est moins profonde.

La *ciboule* offre deux variétés : la ciboule annuelle, qu'on peut semer de mars en septembre, et la ciboule vivace, qu'on cultive en bordure, et qu'on multiplie de caïeux, en automne ou au printemps.

L'*ognon* se multiplie de semence, soit en août, pour repiquer en octobre, soit en automne, pour repiquer en février, ou plus ordinairement en mars. Dans les premiers cas, on recouvre pendant l'hiver avec du fumier long. Dans tous les cas, on sème par planches, en recouvrant la graine d'un peu de bon terreau, et l'on plombe ; on sarcle selon le besoin.

Dans le centre et dans le midi de la France, on repique l'ognon à 20 centimètres de distance en tout sens ; dans d'autres contrées, on se contente de l'éclaircir. On tord les tiges pour hâter la maturité. L'ognon se conserve suspendu par ses fanes tressées, dans un endroit sec et bien aéré. L'ognon blanc se conserve mieux que le rouge.

Le *poireau* se sème clair, au printemps, et se repique profondément au plantoir, lorsqu'il est assez fort, à dix ou douze centimètres de distance. On l'arrose et on le sarcle au besoin. Pour l'ognon et pour le poireau, la terre doit être parfaitement ameublie et nettoyée des moindres pierres. On réserve les plus beaux sujets pour servir de porte-graines. Lorsque les graines approchent de la maturité, on soutient les tiges au moyen de tuteurs pour les préserver des vents. Avant la parfaite maturité, on cueille les têtes et on les conserve dans un endroit sec, sans les égrener, jusqu'à l'époque de l'ensemencement.

ARTICHAUT, CARDON.

L'*artichaut* se multiplie de rejetons qu'on appelle *œilletons* ou *bions*. On n'en laisse que deux ou trois à chaque pied. Quant aux rejetons destinés à être plantés, on les détache du pied, de haut en bas, en leur laissant un talon. On rebute ceux qui ne sont pas sains, droits, charnus et pourvus de petites racines.

L'artichaut n'aime pas les terres neuves ; il demande un terrain profondément défoncé et largement fumé. La plantation du printemps lui convient mieux que celle d'automne. Elle se fait à 75 centimètres, et mieux, à un mètre de distance en tout sens. On arrose fréquemment pour assurer la reprise. Des arrosages donnés au moment de la formation des pommes sont aussi très profitables.

A l'approche des gelées, on coupe les feuilles du bas, et on amoncèle la terre bien sèche autour du pied, sans couvrir le cœur de la plante. Quand les gelées arrivent, on couvre avec des feuilles bien sèches. On découvre de temps en temps pour éviter la pourriture, quand le temps est doux. On détruit les buttes au printemps, en donnant un bon labour. La fleur d'artichaut est une excellente présure.

Il y a plusieurs variétés de *cardons*. Elles se cultivent toutes de la même manière. On sème en avril et mai, dans des trous profonds, bien garnis de terreau et distants d'un mètre. On cultive d'ailleurs le cardon comme l'artichaut; il demande cependant des arrosages plus fréquents.

Lorsque les feuilles ont acquis assez de développement, on les rapproche et on les lie en les entourant de paille longue du haut en bas, et l'on butte la terre autour du pied. Il blanchit dans trois semaines. Les feuilles de l'artichaut peuvent être traitées de la même manière.

ASPERGES.

On sème les *asperges* en pépinière au printemps, sur un sol léger, bien fumé, et en lignes, pour pouvoir enlever plus facilement les griffes. On espace les lignes de 15 centimètres, et les graines dans la ligne de 8 à 10. On recouvre la graine avec un peu de terreau. On sarcle selon le besoin.

Deux ans après, les griffes sont assez fortes pour être plantées à demeure. Cette opération se fait en automne ou au printemps.

Voici le mode de plantation qui nous paraît le plus rationnel.

Le sol a dû être défoncé à 75 centimètres de profondeur. Chaque planche aura un 1 mètre 33 centimètres de largeur. La terre est relevée de côté, et passée à la claie si elle est pierreuse. Le fond des fosses, bien nivelé, est garni d'un lit de gravier, mêlé de petites branches brisées, de 5 à 6 centimètres d'épaisseur, pour faciliter le parfait assainissement du sol. On étend un second lit de bon fumier d'écurie à demi consommé et épais de 30 centimètres, qu'on tasse fortement. Ce fumier est recouvert de quelques centimètres de terre criblée. C'est sur ce lit de terre qu'on placera les griffes en ligne et en échiquier, à 50 centimètres de distance en tout sens. A la place que doit occuper chaque griffe, on dépose une bonne poignée d'excellent terreau, de manière à former une petite éminence. On y pose la griffe en étalant ses doigts en tout sens, et l'on recouvre avec une ou deux poignées de bonne terre. On charge la planche avec de la terre criblée, jusqu'à ce que le sommet des griffes soit recouvert de 5 à 6 centimètres.

Les façons d'entretien se bornent à un binage léger donné, au commencement du printemps, à la fourche de fer, puis on recouvre d'un peu de fumier. On renouvelle cette double opération à l'automne, après avoir coupé les tiges d'asperges desséchées. On recharge de terre criblée, à mesure que le fumier se tasse.

Pour récolter l'asperge, on la coupe entre deux terres, en évitant d'endommager la griffe et les asperges voisines. On ménage les sujets lorsqu'on commence de couper les asperges, et, pour la même raison, on cessera de les couper assez tôt. On attend ordinairement la troisième année de la plantation des asperges pour commencer à les couper.

L'asperge dure 15 et 20 ans, et même davantage,

16.

quand elle est bien soignée et que le terrain lui convient bien.

BETTERAVES.

Voir, pour la culture de la betterave, quatrième partie, 1re subdivision, chapitre V, numéros 5, 6, 7, 8 et 9.

CAROTTES, PANAIS.

Voir, pour la culture de la carotte et du panais, quatrième partie, 1re subdivision, chapitre VI, numéros 1 à 6.

CÉLERI, CÉLERI-RAVE.

Il y a deux principales variétés de céleri, celui dont on mange les tiges et les feuilles, et le céleri-rave, dont on mange les racines. L'un et l'autre se multiplient par les graines. On sème au commencement du printemps, en pépinière. La graine doit à peine être recouverte. Il faut arroser souvent.

Pour transplanter en place, on défonce à 60 centimètres et on fume largement avec du fumier qui ne soit pas bien consommé.

On ouvre, après deux ou trois semaines, des fosses de 1 mètre 40 centimètres de largeur, sur 50 centimètres de profondeur, et on relève la terre des deux côtés. On plante dans la fosse, sur trois rangs également espacés, lorsque le plant est assez fort.

Le céleri veut être arrosé souvent et largement. Lorsqu'il a atteint 30 à 40 centimètres, on attache les feuilles avec un lien de paille, et par un temps sec; on butte chaque pied avec la terre des ados; on ne laisse à découvert que l'extrémité de la tige. Un second et troisième buttage ont lieu à mesure que la plante pousse. Quinze jours après le dernier, le céleri peut être employé. Le dernier récolté se conserve dans du sable frais, à la cave.

Le céleri-rave se cultive de la même façon, sur plates-bandes, sauf les buttages, dont il n'a pas besoin.

CERFEUIL.

Le *cerfeuil* se sème en été, tous les quinze jours, pour donner sans interruption des feuilles servant d'agréable fourniture de salade. Il vient partout ; les graines veulent être à peine recouvertes.

CHICORÉE, BARBE DE CAPUCIN.

Il y a plusieurs variétés de *chicorée*. Les plus cultivées sont la grande blanche, la verte frisée et la scarole. Toutes les variétés se sèment en plate-bande, dès le commencement du printemps, pour les variétés qui ne montent pas, et au mois de mai seulement pour celles qui sont disposées à monter, et toujours au décours de la lune.

On transplante, lorsque le plant est assez fort, à 33 centimètres en tous sens. La chicorée demande de fréquents arrosements, jusqu'à ce qu'elle soit assez forte pour être liée. Cette opération se fait lorsque le temps est beau et la chicorée bien sèche, en réunissant toutes les feuilles étalées, qu'on attache avec un petit lien de paille ou un brin de jonc.

(Voir, pour la culture de la chicorée sauvage, quatrième partie, troisième subdivision, chapitre III, numéro 13.)

L'hiver, on obtient avec les racines de chicorée sauvage fourragère une excellente salade qu'on appelle *barbe de capucin*. On dispose dans un coin de la cave quelques vieux cercles de tonneaux sur de bonne terre de jardin ; on y place la chicorée de manière à ce que toutes les racines soient en-dedans et les collets en-dehors. On empile ainsi, selon la provision qu'on veut avoir. On coupe tous les huit jours les feuilles blanchies.

CHOU, CHOU-FLEUR, BROCOLI.

Il y a plusieurs espèces de choux ; les principales sont : le *chou cabus* ou *pommé*, le *chou de Milan*, les *choux à pomme allongée*, connus sous le nom de *choux d'Yorck*, *cœur de bœuf*, *pain de sucre*, le *chou à jets* ou de *Bruxelles*, le *chou cavalier*, etc.

Tous les choux se sèment en pépinière. Le choix de la graine est très important : elle doit être bien lisse, presque noire et de teinte uniforme. On recommande de la faire tremper pendant vingt-quatre heures dans une forte saumure, pour préserver le plant des ravages de l'*altise*. Le terrain où se fait le semis doit être très meuble, frais et fortement engraissé. Ordinairement on enterre le fumier à la houe, et ce n'est qu'après cette opération qu'on sème à la volée, et l'on recouvre en égalisant avec le râteau.

Les choux se sèment et se plantent au printemps et à l'automne, et en vieille lune.

Les choux de Milan se sèment au printemps ; celui de Bruxelles, du printemps jusqu'à l'été, pour fournir à la consommation d'hiver.

On sème en automne le chou cabus, chou quintal, chou rouge, chou vert, chou cavalier, chou branchu, chou d'Yorck, chou cœur de bœuf, chou pain de sucre.

Les choux se plantent dès que le plant est assez fort ; le terrain doit être bien défoncé. Le fumier d'étable est le meilleur. La vase des mares et étangs desséchée et bien ameublie pendant une année, est aussi un très bon engrais pour les choux. Le terrain étant bien disposé, on trace des rayons croisés, à 50 centimètres de distance, ou plus, selon l'espèce, et au point de jonction on creuse un trou où l'on met le fumier; on recouvre, et c'est à cette place qu'on plante le chou, en arrachant le plant à mesure. On arrose pour assurer la reprise. On bine de bonne heure au printemps, et aussi souvent que cela est utile, pour empêcher la surface du terrain de se durcir. Un binage vaut plusieurs arrosages.

(Pour la conservation des choux, voir quatrième partie, première subdivision, chapitre VI, numéro 6.)

Le *chou-fleur* se sème en pépinière, au commencement du printemps, pour être consommé en automne; à la fin de mai, pour être cueilli au commencement de l'hiver, et vers le milieu d'août, pour être récolté au commencement de l'été suivant.

Le meilleur engrais pour les semis du chou-fleur c'est la bouse de vache pure. On sème et on plante comme les autres choux.

Les choux-fleurs demandent de fréquents arrosages, mais au pied seulement.

Les choux-fleurs se conservent quelques semaines, dans un lieu bien sec, suspendus la tête en bas.

La culture du brocoli est la même que celle du chou-fleur. Il est plus estimé. Plusieurs variétés n'achèvent de former leur tête qu'au printemps qui suit l'époque du semis.

(Pour la culture des citrouilles, courges et potirons, voir quatrième partie, première subdivision, chapitre VI, numéro 7. — Le concombre se cultive de la même manière.)

ÉPINARD, OSEILLE, POIRÉE, CARDE.

L'*épinard* se sème pendant presque toute l'année, excepté pendant l'hiver. De la sorte, on peut avoir des épinards pendant longtemps. Il demande à être placé dans une terre légère, mais bien engraissée ; il veut être arrosé souvent. La graine mûrit en juillet ; on ne doit jamais semer celle de l'année. On couvre les épinards de fumier long, pendant les grands froids. Quand les feuilles paraissent gelées, on leur rend leur aspect naturel en les faisant tremper quelque temps dans de l'eau froide.

L'*oseille* se multiplie par la séparation des racines ; on la cultive en bordures.

La *poirée*, la *carde*, viennent bien dans un bon terrain bien fumé. On les sème au commencement du printemps, et en juin, à 40 centimètres de distance ; on recouvre au râteau. On sarcle et on arrose au besoin. On attache et on butte avant l'hiver à 8 centimètres de hauteur ; au printemps, on nivelle les buttes et on bêche.

(Pour la culture des fèves, des haricots, des pois, des lentilles, voir quatrième partie, première subdivision, chapitre III, numéros 1 à 8.)

FRAISIER.

Le *fraisier* se multiplie ordinairement au moyen des coulants enracinés. On arrache ce plant avec beaucoup de précaution avec un bon arrosage, et on le plante immédiatement, dans un terrain bien préparé et fumé avec du fumier d'écurie à moitié consommé.

On débarrasse le plant de presque toutes les feuilles, à l'exception de deux, et l'on raccourcit les racines, auxquelles on ne laisse que 5 à 6 centimètres de longueur.

On plante à l'aide du plantoir, en planches de 1 mètre 25 centimètres de largeur à 33 centimètres de distance en tout sens. Cette opération se fait au printemps ou à l'automne.

Après la reprise du plant, on paille les planches pour conserver la fraîcheur du terrain. On emploie pour cela le fumier long. On arrose fréquemment, et surtout avant la pluie, l'eau d'orage étant très nuisible aux fraisiers, lorsqu'ils la reçoivent sans être déjà mouillés.

Lorsqu'on cueille les fraises, il faut avoir le soin de détacher la partie de la tige qui porte le fruit.

On détruit les planches de fraisiers tous les deux ou trois ans.

LAITUE.

Il y a une grande variété de laitues ; on les divise en laitues de printemps, d'été et d'hiver. Les premières sont sujettes à monter avant de pommer. La *laitue dauphine* est la meilleure de cette espèce. Les laitues d'été pomment bien et montent difficilement ; les meilleures sont : la *laitue de Gênes* et la *blonde de Versailles*. La laitue d'hiver est surtout précieuse à cause de sa rusticité ; elle passe l'hiver et pomme de bonne heure au printemps ; les meilleures sont : la *laitue de la passion*, la *laitue crêpe* et la *petite noire*. La *laitue romaine* ou *chicon* est une variété de laitue d'été.

Toutes les laitues se sèment en terre légère et bien fumée, très clair et à la volée, savoir : celles de printemps, en mars, pour être repiquées en avril ; celles d'été, d'avril en juillet, pour être repiquées à mesure que le plant est assez fort, et se succéder sans interruption jusqu'à l'hiver ; celles d'hiver, entre le 15 août et le 15 septembre, pour être transplantées en octobre, et passer l'hiver recouvertes de litière. On a le soin de semer toutes ces variétés au décours de la lune.

Les vers blancs font un grand dégât dans les carreaux de laitues. Il faut avoir soin de les détruire en travaillant le terrain au printemps. Si l'on voit une laitue languir et se flétrir tout-à-coup, c'est qu'elle est attaquée par le ver blanc ; on l'arrache et l'on écrase l'insecte.

Si l'on a soin de garnir de paille le carreau de laitue, pour que les arrosages ne tassent pas trop la terre, on n'aura pas besoin de la sarcler.

MACHE, RAIPONCE, PERSIL, POURPIER.

La *mâche* ou *doucette* est très usitée comme salade. Pour récolter la graine, on secoue les tiges encore un peu vertes sur un linge. Elle se ressème le plus souvent d'elle-même. On sème la mâche tous les quinze jours, du printemps à l'automne, à la volée, dans les autres cultures.

La *raiponce*, autre plante cultivée comme salade, se sème de juillet en septembre. La graine n'a pas besoin d'être enterrée, on l'arrose seulement.

Le *persil* est très employé en cuisine ; on le cultive en bordure ou bien on lui consacre une place spéciale. Dans ce cas, on sème à la fin de juillet, en terrain léger qu'on arrose souvent. La graine reste plus d'un mois à lever. On couvre avec de la litière ou de la paille longue, pendant les gelées, en découvrant toutes les fois qu'il ne gèle pas. C'est une plante bisannuelle. Elle meurt après être montée en graine. Pour l'empêcher de monter, on coupe souvent

les feuilles et on arrose largement pendant les chaleurs.

Le *pourpier* se sème en mai dans une terre légère.
Il ne demande aucun soin de culture.

MELON.

Le *melon* se sème sur couche, la pointe en bas.
La graine doit être épaisse, pesante et bien nourrie :
elle se conserve pendant plusieurs années. Les uns
sèment sur couche en laissant assez d'intervalle entre les graines pour pouvoir facilement arracher le
plant; les autres sèment dans de petits pots, garnis
de bon terreau, qu'on enterre dans la couche jusqu'à
la transplantation. Les semis de melons se font aussitôt que possible, dès que la température le permet.
Les semis en place réussissent très bien, mais les
melons qui en résultent sont plus tardifs. Les trous
destinés à recevoir les melons doivent être prêts d'a-
vance. Plus le fumier et le terreau dont on les remplit est abondant et de bonne qualité, mieux les
plantes prospèrent. Les melons ne peuvent jamais être
trop fumés. On arrose modérément, après la transplantation, sans mouiller le cœur de la plante. On espace
les trous de 1 mètre à 1 mètre 25 centimètres en tous
sens. On transplante vingt jours après que la graine
e t sortie de terre.

Lorsque la reprise des plants est bien assurée, on
supprime la tige qui provient directement du germe
et qui est sortie la première ; elle absorberait toute
la force du pied. Cette opération faite, on attend pour
toucher à la plante qu'elle ait noué ses fruits ; alors
on taille la branche à fruit à deux nœuds au-dessus
du melon conservé. On n'en laisse que trois ou quatre sur les pieds les plus forts. On supprime ensuite,
à mesure qu'elles se présentent, les nouvelles bran-

17

ches à fruit. On saupoudre la plaie avec du terreau bien sec.

On garantit les jeunes plants sur couche au moyen d'un châssis ; on arrose, s'il y a lieu, avec de l'eau dégourdie au soleil. On chausse avec de bon terreau, quand le plant montre sa seconde feuille. On couvre le melon transplanté avec la cloche, pour le laisser reprendre, puis on lui donne de l'air. On couvre de paillassons pendant les orages. On arrose de haut pour imiter la pluie, et toujours avec de l'eau bien dégourdie. Quand le melon approche de la maturité, on glisse dessous une tuile ou une petite planche.

Il faut avoir soin de ne jamais planter auprès de la melonnière ni concombres ni citrouilles ; ce voisinage ne manquerait pas d'abâtardir les melons.

(Pour la culture des pommes de terre, voir quatrième partie, première subdivision, chapitre IV, numéros 1 à 9.)

RADIS, RAIFORT.

Le *radis* aime un sol bien meuble et bien fumé, se rapprochant le plus possible de la nature du terreau. On sème les radis tous les huit jours, pendant toute la belle saison. Il faut arroser copieusement.

Le *raifort* se sème en juin dans du terrain semblable à celui qui convient au radis.

SALSIFIS, SCORSONÈRE.

Le *salsifis* et la *scorsonère* aiment un terrain meuble, profond et frais. Le salsifis se sème de mars en septembre. La graine doit être choisie bien pleine et de l'année. On sème en lignes espacées de 15 centimètres, on arrose pour faire lever la graine. Ces plantes s'emparant du terrain, y étouffent les mauvaises herbes.

(Voir, pour la culture du topinambour, quatrième
partie, première subdivision, chapitre IV, numéros 9,
10 et 11.)

TAILLE ET CONDUITE DES ARBRES FRUITIERS.

On ne peut entrer ici dans tous les utiles développements que comporterait l'application raisonnée des
principes de la taille et de la conduite des arbres
fruitiers. On se bornera donc à donner les notions
les plus essentielles pour diriger le jardinier intelligent.

La taille des arbres fruitiers a pour objet de leur
faire prendre la forme qui convient le mieux à leur
espèce et à la place qu'ils doivent occuper ; d'obliger
chaque branche principale à rester constamment garnie de rameaux à fruit ; de répartir la fructification
d'une manière régulière ; de favoriser la production
du fruit, en volume et en qualité.

Pour obtenir une égale répartition de la sève dans
toutes les branches d'un arbre fruitier, il faut, jusqu'à
ce que l'équilibre soit établi, tailler court les branches de la partie forte, et tailler long celles de la partie faible ; laisser beaucoup de fruits sur la partie forte,
les supprimer sur la partie faible ; incliner les branches de la partie forte et redresser celles de la partie
faible.

La sève tend toujours à se porter à l'extrémité des
branches ; donc, si l'on a besoin de prolonger une
branche, il faut tailler sur un bourgeon à bois vigou-

reux, et supprimer tout ce qui pourrait au-delà lui enlever la force de la sève. Pour obtenir des boutons à fruits, on incline les branches. On les redresse au contraire si l'on veut obtenir des boutons à bois, ou mieux, on les taille court, pour concentrer toute la force de la sève sur un ou deux boutons.

L'époque la plus convenable pour la taille des arbres fruitiers, c'est après les fortes gelées. Toutes les fois qu'on raccourcit une branche, l'amputation doit être faite de bas en haut, près d'un bouton et du côté opposé, en formant une plaie en biseau, dont le sommet ne dépasse que fort peu l'extrémité du bouton. Si l'on est obligé d'employer la scie, on a soin d'enlever le trait avec la serpette, et, si la plaie est un peu grande, on la recouvre avec de l'onguent de saint Fiacre.

TAILLE DU POIRIER ET DU POMMIER.

On dispose le poirier et le pommier absolument de la même manière, savoir : en espalier ou en plein vent. Pour bien tailler ces arbres, il faut d'abord connaître les fonctions des diverses parties qu'offre la végétation.

Le *bouton à fruit* met souvent plusieurs années avant de parvenir à cet état. On appelle ainsi le bouton qui fleurira au printemps suivant.

On appelle *bourses*, des productions fruitières qui naissent à la place d'un bouton, et qui se couvrent d'œils devant devenir, à leur tour, des boutons à fruit.

Les *lambourdes* sont des branches à fruit qui naissent sur les bourses; elles ont ordinairement de 5 à 50 centimètres de longueur. Elles se couvrent d'œils à fruit dans toute leur longueur.

On appelle *dard*, une excroissance de 2 à 6 centimètres de long, poussant sur un rameau, et se terminant par un œil d'une forme pointue. Cet œil devient toujours un œil à fruit.

Les *brindilles* naissent sur les rameaux et non sur les bourses; comme les lambourdes, elles sont plus minces et moins garnies d'œils.

Ceci posé, le but de la taille est de forcer les branches à se couvrir dans toute leur étendue de boutons à fruit, en leur conservant assez de lambourdes et de brindilles pour attirer la sève vers les fleurs et les fruits, et faire développer les rameaux en grosseur en même temps qu'en longeur, en utilisant toute la sève au profit de cette double destination.

Lorsqu'on veut qu'un arbre forme espalier, voici comment on doit procéder. Nous ne prendrons qu'une seule forme d'espaliers, *celle en éventail*, les autres s'obtenant par des moyens analogues.

On laisse pousser librement la greffe jusqu'à la fin de juillet. On pince alors le jet à son sommet, pour favoriser la formation des œils inférieurs. On taille, quand le moment est venu, à 30 ou 40 centimètres du sol. On supprime tous les bourgeons qui seraient dirigés vers le mur ou en avant, et on en conserve quatre ou cinq de chaque côté, pour commencer la charpente de l'espalier. On favorise l'affluence de la sève sur les boutons inférieurs en les palissant tard, tandis qu'on palissera de bonne heure et qu'on pincera même, s'il le faut, les jets des boutons supérieurs pour les retarder. On palissera les jets en lignes très droites, à distances égales, à mesure qu'ils s'allongeront.

Par la taille, les bourgeons superflus, taillés à quelques millimètres seulement, sont convertis en dards ou en brindilles. Celles-ci sont cassées au-dessus du quatrième bourgeon, pour hâter leur mise à fruit. On opère ainsi graduellement, chaque année, jusqu'à ce que l'espalier soit bien garni.

Lorsque les branches ont porté du fruit pendant quelques années, elles se fatiguent dans leur partie inférieure. On les soulage en retranchant quelques bourses, ce qui favorise la naissance de lambourdes qui attirent la sève et empêchent cette partie de la branche de se dégarnir. Les lambourdes qui résultent de cette taille sont ensuite rabattues sur un œil à bois, et deviennent, au besoin, des branches nouvelles.

Les pousses de chaque année doivent être taillées environ au quart de leur longueur, pour forcer les œils inférieurs à s'ouvrir. On raccourcit les œils devenus brindilles pour favoriser la formation des boutons à fruit. On supprime tout le bois inutile et les branches gourmandes, en laissant quelquefois le dernier œil de ces branches, pour obtenir plus tard une production fruitière. On prolonge l'existence des boutons à fruit au moyen des dards et des lambourdes, et l'on ravale, au besoin, pour rajeunir les branches épuisées.

Le pincement a pour objet de raccourcir les pousses trop longues, et de forcer la sève à prendre un autre cours. Il se pratique sur les pousses qui ont atteint de 5 à 8 centimètres de longueur, et qui sont placées au-dessus de celles dont on veut favoriser la mise à fruit.

La taille longue favorise la production du fruit, mais dégarnit promptement les branches. Cette manière de tailler s'appelle *charger*. On appelle, par opposition, *décharger*, le mode de taille par lequel on supprime une grande partie des boutons à fruit ou des bourses.

Pour la direction des arbres en pyramide, en gobelet, en girandole, en quenouille, on observe les mêmes principes. Donnons l'exemple du poirier en pyramide :

La première taille a pour but de favoriser le développement des premières branches latérales. Elles doivent être placées à environ 30 centimètres du sol.

A cet effet, on coupe la tige du jeune arbre à 45 centimètres environ de terre, en ayant soin que le bourgeon du sommet soit placé du côté opposé à celui où l'arbre a été greffé, afin qu'il se maintienne bien droit. Dès que les jets ont atteint de 10 à 12 centimètres de longueur, on supprime tous ceux qui ont poussé depuis le sol jusqu'à 30 centimètres de hauteur. On en conserve cinq ou six des autres, en les espaçant régulièrement, par la suppression de ceux qui excèdent ce nombre, et qu'on enlève çà et là. Le jet terminal est maintenu bien verticalement au moyen d'un tuteur. Si les jets latéraux ne poussent pas uniformément, on pince les plus vigoureux.

La deuxième taille a pour objet de faire pousser de nouvelles branches latérales et de faire croître les premières. On opère donc pour obtenir le premier résultat, comme il vient d'être dit. On taille le jet qui forme la tige à 40 centimètres au-dessus de son point de départ, en laissant toujours le bouton terminal du côté opposé à celui d'où sort le jet.

Quant aux branches latérales, on les raccourcit environ aux 3/5mes de leur longueur, et l'on a soin de laisser le bourgeon terminal de chacune d'elles en dehors, afin que le jet qui y prendra naissance suive la même ligne oblique.

On opère de la même manière la troisième année.

On raccourcit ensuite chaque fois les branches latérales, davantage selon leur rang d'ancienneté, jusqu'à ce que l'arbre ait atteint la forme pyramidale, soit au moyen de la taille, soit au moyen du pincement.

TAILLE ET CONDUITE DU PÊCHER.

Le *pêcher* abandonné à lui-même finit en peu de temps par se dégarnir dans toute sa partie inférieure. La sève se porte vers le haut des branches, et celles qui ont porté du fruit n'en portent plus.

D'après cette particularité du pêcher, il faut donc, par la taille, provoquer la formation de nouvelles branches à fruit chaque année, et contrarier par une intelligente disposition des branches, la tendance qu'a cet arbre de porter sa sève aux extrémités supérieures aux dépens des autres branches.

Il faut tailler de bonne heure les arbres délicats, et tailler tard les arbres trop vigoureux. Il faut éviter de tailler trop court, pour empêcher la formation de branches gourmandes, et trop long, pour ne pas épuiser l'arbre; et diriger son attention vers le remplacement régulier des branches à fruit, et la croissance régulière des branches à bois.

On appelle *tronc* la partie du pêcher comprise entre le sol et la première bifurcation.

Les *branches-mères* sont les branches qui servent de base à toute la charpente.

Les *membres* partent des branches-mères et complètent la charpente du pêcher.

Les *branches à bois* prolongent la partie de la charpente, sans donner de fruit.

Les *bourgeons* sont les jets de l'année, nés d'un œil à bois. Les bourgeons de l'année seront des branches à fruit l'année suivante.

Les *bourgeons anticipés* naissent sur d'autres bourgeons par excès de vigueur.

Les *gourmands* sont des branches à bois qui attirent à elles plus de sève que les autres ; on les supprime à mesure qu'elles paraissent.

La *branche à fruit* est formée par les bourgeons de l'année précédente.

Les *branches de remplacement* sont celles qu'on ménage à la partie supérieure des branches à fruit, pour leur succéder après que celles-ci ont porté du fruit.

Les *bouquets* sont de petites branches dont l'œil terminal forme une rosette de feuilles.

Le pêcher en espalier se prête à une grande variété de formes. Nous décrirons ici une de celles qu'il est le plus facile d'obtenir ; c'est la forme en *palmette à branches obliques.*

On coupe la tige du jeune pêcher à 25 centimètres du sol environ, au-dessus de deux boutons latéraux destinés à former les deux branches sous-mères, et d'un autre bouton placé en avant, au-dessus de ceux-ci, qui est destiné à former la tige.

L'été suivant, on pince les autres bourgeons qui pourraient pousser, et on les supprime lorsque les bourgeons réservés ont atteint 30 centimètres environ.

On coupe les branches sous-mères à 90 centimètres environ, au-dessus d'un bouton latéral destiné à former la troisième branche, et d'un autre bouton de devant qui formera le nouveau prolongement. La tige est coupée à environ 40 centimètres au-dessus des sous-mères et au-dessus d'un bouton de devant.

L'été suivant, on donne aux bourgeons terminaux les soins nécessaires pour qu'ils conservent le même degré de force, et on commence à transformer les bourgeons inférieurs en branches à fruit, comme on l'expliquera tout-à-l'heure.

Au troisième printemps, on taillera la branche mère à 60 centimètres environ de la naissance des sous-mères, en laissant trois boutons placés comme il a été dit lors de la seconde taille, et qui formeront deux nouvelles sous-mères et le prolongement de la tige. On supprime sur les branches sous-mères le tiers environ de leur développement, pour favoriser la croissance des boutons, et les branches tertiaires sont taillées long, pour favoriser leur accroissement. Les branches parallèles doivent avoir la même longueur, afin que l'équilibre de la végétation soit maintenu.

On continue de la sorte, jusqu'à ce que les branches aient couvert presque tout l'espace qui leur est destiné. Alors on supprime la tige, mais on taille l'extrémité de toutes les branches sous-mères à 30 centimètres environ en-deçà de la limite que l'arbre ne doit pas dépasser, pour qu'il y ait à chaque extrémité un bourgeon vigoureux qui attire la sève.

Quand il manque des bourgeons aux points où ils seraient nécessaires pour la régularité de l'arbre, on pose en août un écusson à œil dormant, partout où l'on a besoin d'un bouton bien conformé.

Par le palissage d'hiver, on fixe solidement le pêcher contre le mur. Chaque branche forme une ligne exactement droite dans toute sa longueur; mais on ne leur donne cette position que progressivement, autrement la sève se dirigerait vers le sommet de l'arbre. On opèrera de même pour la formation de tous les étages.

Le palissage d'été a pour objet de fixer contre le mur les bourgeons de prolongement des branches principales; à mesure qu'ils s'allongent, on leur donne une direction parallèle à la branche qui les porte.

On se sert pour le palissage de chiffons de laine qu'on fixe dans le mur à l'aide de clous. On appelle ce mode *palissage à la loque.*

Le pêcher en plein rapport se gouverne par la taille, le pincement et l'ébourgeonnement.

On commence la taille par *dépalisser* et nettoyer l'arbre dans toutes les parties. On prend pour rétablir l'équilibre qui serait rompu entre la végétation des branches opposées, les précautions indiquées dans les principes généraux de la taille des arbres fruitiers.

On rabat ensuite les branches à fruit sur leurs branches de remplacement, qu'on taille en proportion de leur force. Il faut toujours supprimer toute branche à fruit qui n'a pas d'œil à bois, parce que ce sont ceux-ci qui attirent fortement la sève.

On tient les bourgeons anticipés de l'année précédente plus courts que le reste des branches à fruit, afin de leur faire développer de bons bourgeons à fruit pour l'année suivante.

Le pincement doit avoir lieu avant la formation des œils dans les aisselles des feuilles ; il a pour effet de transformer un bourgeon en branche à fruit, et de faciliter la répartition de la sève entre toutes les parties de l'arbre, et éviter la production des branches gourmandes.

Le pincement se fait en long, sur une longueur de deux ou trois centimètres, entre les doigts, si le bout du bourgeon est herbacé, ou bien avec l'ongle, s'il a un peu trop de consistance.

Par l'ébourgeonnement, on supprime, à mesure qu'ils poussent, les bourgeons mal placés, soit en premier lieu, sur les branches à fruit de l'année ;

soit plus tard, sur les bourgeons anticipés. Le pincement et l'ébourgeonnement se continuent tout l'été. En pratiquant avec soin ces deux opérations qui se complètent l'une par l'autre, on évite la nécessité où l'on serait quelquefois, si elles étaient négligées, de tailler pendant l'été les arbres qui s'emporteraient, ce qui nuit beaucoup à leur durée.

TAILLE ET CONDUITE DE L'ABRICOTIER ET DU PRUNIER.

L'abricotier et le prunier en espalier se taillent et se conduisent de la même manière.

Ces arbres offrent un contraste frappant avec le pêcher ; c'est par le sommet que meurent leurs branches ; elles sont remplacées par le développement des bourgeons inférieurs. C'est pourquoi les abricotiers et les pruniers durent très longtemps.

D'après ce qui vient d'être dit, il s'agit, dans la conduite de ces arbres, de prévenir la végétation anticipée des œils supérieurs du bourgeon de l'année.

Les branches de l'abricotier et du prunier sont garnies de boutons à fruit et de boutons à bois : on plante ces arbres tout greffés, après un an de greffe. On taille le futur espalier de très bonne heure au printemps, avant la reprise de la végétation. On rabat d'abord la tige environ à 25 centimètres du sol.

Dès que les bourgeons ont atteint quelques centimètres de développement, on choisit ceux qu'on destine à former la charpente de l'espalier ; ce sont, autant que possible, ceux qui se trouvent vis-à-vis les uns des autres. On supprime tous les autres. Par le pincement et le palissage, employés judicieusement, on maintient l'équilibre entre eux.

Au printemps suivant, on rabat le chicot au niveau de l'écorce. On laisse à chaque membre une longueur d'environ 25 centimètres. La coupure est tournée vers le mur et recouverte d'onguent de saint Fiacre.

Les deux œils qui s'ouvrent le plus près de la coupe sont destinés à continuer la charpente. On supprime ceux qui sont placés entre la branche et le mur. Avant la fin de la saison, les deux œils dont on vient de parler forment, de chaque côté, deux nouveaux membres. On les éloigne alors médiocrement de la ligne verticale.

Les autres bourgeons deviennent en même temps des branches à fruit. Les œils antérieurs s'arrêtent à 8 ou 10 centimètres de longueur. On les laisse ainsi. Ils porteront les premiers fruits.

Les bourgeons provenant des œils latéraux sont pincés, s'il y a lieu, pour maintenir l'équilibre entre toutes les parties de l'arbre.

La taille des années suivantes se règle sur les mêmes principes. Les membres de l'espalier sont rabattus sur un bon œil à bois, à la même hauteur, et autant que possible à 50 centimètres de leur point de départ.

L'ébourgeonnement se fait en deux reprises : à la fin d'avril, pour supprimer les bourgeons mal placés ou superflus ; et au mois d'août pour prévenir la végétation des bourgeons anticipés.

Le pincement se fait en proportion de la végétation des bourgeons conservés.

On palisse d'ailleurs, selon les principes posés pour le pêcher.

Dans la taille, si l'ébourgeonnement et le pincement ont été exécutés à propos, on n'aura besoin de retrancher aucune grosse branche à l'abricotier et au prunier. Ils craignent beaucoup les fortes mutilations. On retranche les branches malades le plus loin possible de la partie endommagée, en recouvrant d'onguent de saint Fiacre. Cette opération se fait toujours pendant le repos de la sève.

Les branches à fruit se taillent sur un des œils à bois inférieurs, qui devient ainsi leur bourgeon de remplacement.

On recèpe l'arbre lorsque les branches-mères sont dégarnies et épuisées.

Les mêmes indications peuvent suffire pour la conduite et la taille des abricotiers et pruniers en plein vent.

CONSERVATION DES FRUITS.

Les fruits se conservent mieux dans une bonne fruiterie que partout ailleurs.

Voici comment elle se dispose : Elle doit être éloignée de tout ce qui a une odeur forte, et ne servir qu'à la conservation des fruits ; elle doit être bien close et en lieu sec. La porte d'entrée doit être munie d'un tambour qu'on ferme avant d'ouvrir la porte de la fruiterie. Les fenêtres seront exactement fermées.

Le local qui convient le mieux pour établir la fruiterie, c'est un caveau bien sec dans lequel on dispose des tablettes, en ayant soin de ménager entre elles assez d'espace pour pouvoir circuler partout. On y fait de fréquentes visites, pour enlever les fruits pourris et prendre les fruits qui sont faits. Un excellent mode de conservation des fruits, lorsqu'on n'en a qu'une petite quantité, c'est de les placer dans des caisses où l'on superpose huit ou dix tablettes organisées comme les caisses des colporteurs. Les fruits les plus lents à se faire sont mis dans la plus basse tablette, celle-ci est couverte par une seconde où l'on met les fruits se faisant plus vite, et ainsi de suite, chaque tablette étant couverte par une autre.

Un autre moyen excellent pour les fruits de choix, consiste à envelopper exactement chaque fruit dans un cornet de papier bien fermé, et mieux, de les placer dans une enveloppe de cire. Voici comment l'on opère : On a des boules en bois de la grosseur des plus gros fruits, on les enduit d'huile d'olives, puis on les recouvre entièrement d'une légère couche de cire fondue. Avec un couteau bien chaud on coupe cette cire en deux parties égales, ce qui forme deux espèces de calottes. On y enferme le fruit, et on passe à plat le couteau très chaud sur la séparation, ce qui rejoint les deux parties. Par ce moyen, on conserve des fruits d'une année à l'autre. Ce mode de conservation convient à toutes les espèces.

Les fruits d'hiver se récoltent le plus tard possible, mais toujours avant les gelées. La plupart des fruits d'été se cueillent sur l'arbre, pour être consommés immédiatement ; quelques-uns cependant veulent passer quelques jours sur les tablettes pour être à leur véritable point.

On met sur les tablettes de la fruiterie de la mousse parfaitement sèche.

Placer les fruits par lits alternatifs dans des caisses, des futailles vides ou des paniers profonds, avec de la mousse bien sèche, ou du foin, ou de la cendre, ou du son, sans qu'ils se touchent, est encore un très bon moyen de conservation.

Dans certains pays on conserve bien les poires et

les pommes en les plaçant soit dans le tas du blé, soit parmi les pommes de terre.

Le principe le plus sûr de conservation pour le fruit, de quelque espèce qu'il soit, c'est de le priver d'air ; le moyen qui remplira le mieux cette condition sera toujours le meilleur.

Mais nous conseillons de ne pas essayer de conserver le fruit au-delà d'une limite de temps convenable. Le moment arrive, pour toutes les espèces, où ils se gâtent et deviennent immangeables. La maîtresse de maison n'attendra pas, pour faire paraître ses fruits, qu'ils commencent à s'altérer ; et, quoiqu'un ancien proverbe dise qu'*il vaut mieux pourrir que faillir*, elle arriverait forcément au résultat de n'avoir à offrir à son dessert que des fruits gâtés, si elle s'obstinait à vouloir les conserver trop longtemps.

FIN.

TABLE DES MATIÈRES.

TROISIÉME PARTIE. — SCIENCE DES TRAVAUX AGRICOLES.

QUATRIÈME PARTIE. — SCIENCE DES PLANTES UTILES ET DE LEUR CULTURE.

Première subdivision.

Plantes propres à l'usage alimentaire de l'homme qui sont cultivées dans les champs.

QUATRIÈME PARTIE.

2e subdivision.

Plantes cultivées dans les champs et propres à des usages industriels ou économiques.

QUATRIÈME PARTIE
3e subdivision.

Plantes servant à la nourriture des animaux.

QUATRIÈME PARTIE.
4e subdivision.

Culture de la vigne. — Vinification.

QUATRIÈME PARTIE.
5e subdivision.

Bois et vergers.

SIXIÈME PARTIE.

SCIENCE DE LA COMPTABILITÉ AGRICOLE.

LIMOGES ET ISLE,
Typographies Eugène Ardant et C. Thibaut.

EXTRAIT DU CATALOGUE

DE MARTIAL ARDANT FRÈRES, A LIMOGES.

LIVRES DE LECTURE.

LEÇONS AUX JEUNES ENFANTS sur la Géographie, l'Histoire naturelle, etc.. etc., par C. Delattre, très gros caractère; in-12 cartonné. 1 fr.

LIVRE DES ENFANTS CHRÉTIENS, revu par l'abbé Rousier; in-12 gros caractère, cartonné. 1 fr.

LIVRE DES PETITS ENFANTS, premières lectures de l'enfance. gros caractère; in-18 cartonné. 30 c.

LEÇONS AUX PETITS ENFANTS, premier livre de lecture, gros caractère; in-18 cartonné. 40 c.

PAULINE, la Petite Curieuse, livre de lecture des petites Filles, par Mᵐᵉ Savignac; in-18 cartonné. 40 c.

PETIT BOSSU (le), ou la Famille du Sabotier, par Mˡˡᵉ Ulliac Trémadeure; in-12 cartonné. 1 fr.

THÉRÈSE, ou la Sœur de Charité, par A. E. de Saintes, belle édition; in-12 cartonné. 1 fr.

LIVRES CLASSIQUES.

ARITHMÉTIQUE DÉCIMALE (nouvelle), à l'usage des écoles; in-12 cartonné. 40 c.

ABEILLE DU PARNASSE (la jeune), choix de Poésies extraites des Auteurs contemporains, nouvelle et belle édition; in-18 cartonné. 1 fr.

ABRÉGÉ DE GÉOGRAPHIE ET D'HISTOIRE DE FRANCE, édition 1866; in-18 cartonné. 40 c.

COLLECTION DE PETITS COURS, Histoire sainte, Histoire ancienne, Histoire romaine, Histoire de France, Mythologie, Physique et Chimie; in-18 cartonné. 50 c.

FABLES DE LA FONTAINE, avec notes et figures, belle édition; in-18 cartonné. 60 c.

FABLES DE FÉNELON, belle édition; in-18 cartonné. 60 c.

FABLES DE FLORIAN, belle édition avec figures; in-18 cartonné. 60 c.

LEÇONS ÉLÉMENTAIRES DE MYTHOLOGIE, par Engrand, édition revue et corrigée; in-18 cartonné 60 c.

MANUEL DU CULTIVATEUR (Catéchisme agricole), traité élémentaire d'agriculture pratique, pour écoles primaires, par Planchard; in-12 cartonné 1 fr. 75 c.

A l'Élève